AF905956

Kerstin Diacont | Jürgen Kemmler

Horse Walking

Reiter und Pferd gemeinsam aktiv am Boden

Müller Rüschlikon

Einbandgestaltung: R 2 I Ravenstein, Verden
Titelbild: Ellen Hamsa
Fotos Rückseite: Verena Troschke, Daniela Bach
Bildnachweis: Alle Fotos und Zeichnungen stammen von Kerstin Diacont außer:
Produktfotos Krämer Pferdesport GmbH & Co. KG: Seiten 18, 20, 22, 25
Archiv Diacont: Ruth Aschberger: S. 68, Daniela Bach: S. 7, 146, 149 oben, 154, 155 li, 165, Isabelle Deutschbein: S. 152, Martina Engelberg: S. 46 oben, 62, 70 oben, 71, 81 li, 96, 108, 109 li, 111, 113 oben, 116, Ines Fasig: S. 137, Julia Jung: S. 19, 59, 84, 89 re, 99, 109 re, 118, 119 oben, 120, 121, 122, 123, Svenja Hofmann: S. 91, 142, Andrea Löffler: S. 63/1, 64/7, 73, 75, Annette Müller: S. 102, 107, Jeanette Pacher: S. 77, 86, 112, 135, 147, Effi B. Rolfs: S. 17, 33, 47, 68, 67, 70 unten, 87, 103 re, 107, 119 unten, Sike Stenger: S. 161 li, Heidrun Süßmuth: S. 44, 102, 108, 112, 150, 155 re, 158, 161 re, 166 oben li, Verena Troschke: S. 24, 92, 104, 144, 145, Jürgen Wahrhusen: S. 80

Alle Angaben in diesem Buch wurden nach bestem Wissen und Gewissen gemacht. Sie entbinden den Pferdehalter nicht von der Eigenverantwortung für sein Tier. Für einen eventuellen Missbrauch der Informationen in diesem Buch können weder die Autoren noch der Verlag oder die Vertreiber des Buches zur Verantwortung gezogen werden. Eine Haftung für Personen-, Sach- und Vermögensschäden ist ausgeschlossen.

Eine frühere Ausgabe dieses Buches ist unter der ISBN 978-3-275-02029-4 erschienen.

ISBN 978-3-275-02168-0

Copyright © by Müller Rüschlikon Verlag
Postfach 103743, 70032 Stuttgart
Ein Unternehmen der Paul Pietsch Verlage GmbH & Co. KG

1. Auflage 2019

Sie finden uns im Internet unter www.mueller-rueschlikon-verlag.de

Nachdruck, auch einzelner Teile, ist verboten. Das Urheberrecht und sämtliche weiteren Rechte sind dem Verlag vorbehalten. Übersetzung, Speicherung, Vervielfältigung und Verbreitung einschließlich Übernahme auf elektronische Datenträger wie DVD, CD-ROM usw. sowie Einspeicherung in elektronische Medien wie Internet usw. ist ohne vorherige Genehmigung des Verlages unzulässig und strafbar.

Lektorat: Claudia König
Innengestaltung: Kerstin Diacont, www.diacontdesign.de
Druck und Bindung: Graspo CZ, a.s., Zlin
Printed in Czech Republic

VORWORT

Horse Walking

Wofür soll das gut sein?
Wer macht so was?

Jürgen Kemmler, ehemaliger Leiter des Lektorats Sport im BLV-Verlag und späterer Chefredakteur der Zeitschrift Piaffe arbeitete zusammen mit Frank Schmeckenbecher, Geschäftsführer von Krämer Pferdesport schon vor einiger Zeit an der Grundidee des Horse Walking. Aus der praktischen Ausbildungsarbeit heraus entwickelte ich mit Krämer Pferdesport einige Hilfsmittel, die für die Horse Walking-Arbeit nützlich sind und stelle in diesem Buch Grundlagen und praktische Übungen für ein harmonisches Miteinander von Pferd und Mensch sowie Korrekturmöglichkeiten bei Schwierigkeiten vor.

Auch wenn man kurz- oder längerfristig nicht reitet, kann man Spaß am Umgang mit Pferden haben. Man lernt dabei, präziser und deutlicher körpersprachlich zu kommunizieren. Und man lernt sich selbst besser kennen, wenn man sich mit Pferden beschäftigt! Kursangebote wie »Pferde gestütztes Coaching für Führungskräfte« und »Persönlichkeitstraining mit Pferden« machen deutlich, dass Pferde ideale Trainingspartner für die persönliche Weiterentwicklung sind.

Horse Walking ist eine sinnvolle Alternative für alle, die aus den verschiedensten Gründen nicht reiten wollen. Eine Reitschülerin von mir – Späteinsteigerin – hat sich nie richtig sicher beim Reiten gefühlt, wollte aber auf das Zusammensein mit dem Pferd nicht verzichten, arbeitet nun am Boden und hat deutlich mehr Spaß an der Sache.

In strammem Tempo mit dem Pferd zu laufen fördert Kondition und Ausdauer und ist für den Menschen eher gesünder, als sich auf dem Pferd gemütlich durch die Landschaft tragen zu lassen. Auch für Pferde, die krankheitsbedingt gerade nicht geritten werden können, bietet das Horse Walking Abwechslung und sinnvolle Beschäftigung.

Nebenbei eignen sich alle Übungen, die hier vorgestellt werden, auch für die Ausbildung von jungen Pferden, das Anreiten und die Korrektur von problematischen Pferden. Und schließlich können über die Klassische Handarbeit die Grundlagen der Versammlung erarbeitet werden.

Der Kreativität und der Sportlichkeit beim Horse Walking sind kaum Grenzen gesetzt. Vom gemütlichen Spazierengehen, über Wanderungen, bei denen das Pferd das Gepäck trägt, bis zum Langstrecken-Training ist alles möglich. Wie beim Reiten kann die dafür nötige Ausbildungsarbeit auch gut in Prüfungen vorgestellt werden. Ein Horse Walking-Trail ist z.B. in verschiedenen Ausprägungen denkbar (einige Ideen für die Parcoursgestaltung finden Sie am Ende des Übungsteils). Die Betätigungsfelder sind weit gesteckt.

Schauen wir uns einmal an, worum es beim Horse Walking eigentlich geht, nämlich um – meist nonverbale – Kommunikation. Ähnlich wie beim Laufen mit dem Hund muss beim Laufen mit dem Pferd klar sein, wer das Sagen hat und »in welchem Rahmen« sich die beiden Partner bewegen. Grundlegende Dinge, wie Vertrauen, Sicherheit, Respekt und Distanz, müssen geklärt werden, denn Sie wollen sicher nicht, dass Ihnen Ihr Pferd in einer vermeintlich gefährlichen Situation »in die Hosentasche springt«.

Um gut und vertrauensvoll miteinander zu kommunizieren, müssen Mensch und Pferd lernen, die Signale des jeweils anderen zu verstehen und einige Regeln des respektvollen Umgangs miteinander berücksichtigen. Aufgabe des Menschen ist es dabei, die Führungsrolle zu übernehmen und diese auch souverän auszufüllen. Dazu muss er sich in die Lage des Flucht- und Bewegungstieres Pferd hineinversetzen, grundlegende Verhaltensweisen seines »Trainingspartners« verstehen sowie körpersprachliche Signale des

Pferdes »lesen« lernen. Eine durchaus anspruchsvolle Aufgabe – mit unbegrenzten Möglichkeiten der Verfeinerung und Weiterentwicklung.

Ein wesentliches Merkmal guter Kommunikation ist es, dass die Bedeutung gesendeter Signale vom Empfänger »richtig« verstanden wird, d.h. so, wie der Sender sie wirklich gemeint hat. Gute Kommunikation bedeutet auch nicht, dass einer immer nur zuhört (empfängt) und der andere immer nur redet (sendet). Stattdessen ist wechselseitiges Zuhören gefragt, dazu Konzentration, Aufmerksamkeit und Achtsamkeit sowie gegenseitiger Respekt.

Schaut man sich bei Pferdeleuten um, so kann man sehen, dass die Kommunikation zwischen Mensch und Pferd in den meisten Fällen durchaus ausbaufähig ist.

Wie schon im zwischenmenschlichen Bereich kommt es zu Missverständnissen und Unstimmigkeiten, die oft dem Pferd als Ungehorsam oder Aufsässigkeit ausgelegt werden. In den meisten Fällen sind es jedoch nur unklare Signale oder inkonsequentes Verhalten des Menschen, die dazu führen, dass das Pferd das Vertrauen in die »Führungskompetenz« des Menschen verliert und selbst entscheidet, was zu tun ist.

Oft ist es auch Unkenntnis der grundsätzlichen Verhaltensmuster des Pferdes als Flucht- und Herdentier, welche es dem Menschen schwer macht, bestimmte Reaktionen des Pferdes zu verstehen. In diesem Buch wird von Grund auf erklärt, warum und wovor Pferde Angst haben, und wie der Mensch mit den Ängsten des Pferdes und mit seinen eigenen umgehen kann.

Was Situationen, in denen Angst im Spiel ist, so brisant macht, ist, dass Pferde extrem sensibel auf die Emotionen der Menschen reagieren. Es reicht schon, wenn der Mensch im Hinterkopf hat: »Da vorne kommt ein Traktor, hoffentlich macht er da nix ...«, um dem Pferd zu signalisieren »Uii, mein Mensch hat Bedenken, das muss was Gefährliches sein.« Die Unsicherheiten des Menschen teilen sich dem Pferd schon über eine winzige Veränderung der Haltung und Körperspannung mit und es reagiert entsprechend. Da Menschen dazu neigen, überzogen zu reagieren, wenn sie Angst haben, und vielleicht den Führstrick schon mal prophylaktisch etwas fester annehmen, kann sich eine an sich harmlose Sache schnell zu einem größeren »Tänzchen« entwickeln. Der Mensch hat im Kopf »der geht mir gleich in die Luft« und das Pferd fängt dieses Gedankenbild auf und tut genau dies. Die sich selbst erfüllende Prophezeiung par excellence ...

Arbeitet man – statt zu reiten – am Boden mit dem Pferd, so fallen bei beiden Partnern schon einmal die wesentlichen Ängste vor Gleichgewichtsverlust weg. Mensch und Pferd finden ohne Stress eine gemeinsame Basis der Verständigung und lernen die jeweilige Sprache des anderen besser kennen. Grundlage der Kommunikation ist dabei natürlich die nonverbale

Körpersprache. Ausdrucksformen der Stimme sowie verbale Kommandos kommen später in der Feinabstimmung dazu.

Dieses Buch wird sich weitgehend mit der Verbesserung der nonverbalen Ausdrucksfähigkeit des Menschen beschäftigen.

Das Pferd kann nämlich prinzipiell schon alles verstehen, was der Körper ausdrückt – auch der menschliche: Pferde sind Meister im Lesen der Körpersprache. Hat der Mensch seinen Körper (und seine Gedanken) wirklich im Griff und weiß genau, was er erreichen will, so versteht ihn das Pferd sehr schnell. Für eine gute Steuerung am Boden brauche ich als Mensch nur eine ganz klare Idee, wann ich welches Bein des Pferdes (oder auch die Schulter oder die Hinterhand) wo hinbewegen will. Das ist kein Hexenwerk und lässt sich mit jedem Pferd, dessen Aufmerksamkeit man hat, erreichen.

Damit wären wir auch bei einem weiteren wesentlichen Schlüsselbegriff in der Kommunikation: der Aufmerksamkeit. Die beiden Kommunikationspartner müssen ihre Aufmerksamkeit aufeinander richten. Das Pferd darf nicht nebenbei nach einem Grashalm schielen und der Mensch schaltet sein Handy aus und ignoriert die Zuschauer an der Bande. Fehlt es nur bei einem der beiden an Aufmerksamkeit, funktioniert die Verständigung nicht mehr präzise bzw. gar nicht. Bei den Partnerübungen ohne Pferd im Übungsteil des Buches können Sie das deutlich am eigenen Leibe spüren und sich in die Lage dessen versetzen, der geführt wird (später eben das Pferd).

Horse Walking dient der »Beziehungsklärung« und dem Vertrauensaufbau zwischen Mensch und Pferd. Grob gesagt geht es um die Frage: Wer bewegt wen? Wer führt (gibt die Richtung vor) und wer folgt?

Die meisten Menschen werden mir zustimmen, wenn ich sage, dass es leichter fällt, konsequent eine erwünschte Reaktion des Pferdes einzufordern, wenn man mit beiden Beinen auf festem Boden steht und keine Angst vor dem Herunterfallen haben muss. Und, dass es vielen Pferden leichter fällt, eine Forderung des Menschen zu erfüllen, wenn er ihr Gleichgewicht nicht (unabsichtlich) stört, weil er z.B. nicht wirklich ausbalanciert sitzt.

Fortgeschrittene Arbeit, wie die Klassische Arbeit an der Hand, kann viel zur Gymnastizierung des Pferdes beitragen und schwierigere Lektionen unter dem Sattel vorbereiten, ohne dass das Pferd mit dem Reitergewicht belastet wird. Langzügelarbeit und Freiheitsdressur können sich anschließen, werden jedoch hier nur kurz angerissen.

Im Vordergrund stehen die Sicherheit und der Spaß an der gemeinsamen Bewegung – z.B. bei der Bewältigung von verschiedenen Übungs-Parcours mit dem Trailbaukasten, der im Kapitel über die Ausrüstung beschrieben wird, oder auch im Gelände. In diesem Sinne wünsche ich viel Spaß bei den Übungen im Buch und den einen oder anderen Aha-Effekt, was die Kommunikation mit dem Pferd betrifft. Klappt etwas nicht, so machen Sie nicht gleich das Pferd dafür verantwortlich (das ist es in den seltensten Fällen). Und werfen Sie auch möglichst nicht gleich das Buch in den Müll, sondern überprüfen Sie Ihre Gedanken und Ihre Körpersprache.

Die folgende Anweisung können Sie 1:1 auf Ihren Umgang mit dem Pferd anwenden:

Achten Sie auf Ihre Gedanken,
denn sie werden Worte.
Achten Sie auf Ihre Worte,
denn sie werden Handlungen.
Achten Sie auf Ihre Handlungen,
denn sie werden Gewohnheiten.
Achten Sie auf Ihre Gewohnheiten,
denn sie werden zu Ihrem Charakter.
Achten Sie auf Ihren Charakter,
denn er wird Ihr Schicksal.

Horse Walking Lerninhalte

- Der Mensch lernt, das Verhalten des Pferdes besser zu verstehen.
- Das Pferd bekommt Vertrauen zum Menschen und stellt dessen Führungsrolle nicht in Frage.
- Bessere Wahrnehmung, mehr Sensibilität, Aufmerksamkeit und Achtsamkeit bei Mensch und Pferd.
- Feinere Kommunikation, reduzierte Signale.
- Bessere Erziehung, respektvoller Umgang miteinander.
- Mehr Sicherheit durch konsequente Angstbewältigung.
- Mehr Spaß und Erfolgserlebnisse bei der gemeinsamen Arbeit.

KAPITEL 1

Grundsätzliche Ideen zur Arbeitserleichterung

Der Energiekreis

Pferd plus Mensch bilden ein geschlossenes System in Bewegung, vergleichbar einem Tanzpaar.

In meinen Büchern über das Reiten habe ich den Energiekreis eingeführt, in dem ich Reiter und Pferd als geschlossenes System in Bewegung betrachte, bei dem jede Aktion von Mensch oder Pferd immer das ganze System beeinflusst. Das gleiche gilt fürs Horse Walking. Der Idealzustand bei dieser Arbeit sollte dabei eher dem Tanzen als dem Kraftsport gleichen.

Machen Sie sich ein Bild!

Ein Bild sagt mehr als tausend Worte – und es ist schneller in eine Aktion umzusetzen!

Wenn Sie schnell reagieren müssen, können Sie nicht lange überlegen, welches Bein oder welche Hand Sie wohin bewegen sollten. Ein bildhaft vorgestelltes »Handlungsmuster« kann schnell abgerufen werden und macht Sie reaktionsschnell.

Verwenden Sie Bildersprache in Ihren Gedanken statt langatmige verbal durchdachte Anweisungen. So trainieren Sie sich schnelle Reflexe an. Zuerst müssen Sie jedoch die »Langform« einer Handlungsanweisung lernen und verstehen, was Sie tun. Dann fassen Sie diese zu Bild-Kürzeln zusammen. (Das ist eine Form des mentalen Trainings.) Diese vereinfachenden bildhaften Kürzel sind im Umgang mit Pferden extrem wichtig, weil Sie andernfalls immer zu langsam reagieren würden.

Nachfolgend einige wesentliche Kriterien für einfaches und reaktionsschnelles Handeln:

1. Weniger ist mehr

Konzentrieren Sie sich auf das Wesentliche. Machen Sie es nicht unnötig kompliziert.

Durch bewusstes Weglassen von allem Unwichtigen legen Sie den Fokus auf die Sache, die Ihnen im Augenblick am wichtigsten ist. (Sie wollen z.B., dass die Hinterhand des Pferdes zur Seite ausweicht. Fixieren Sie dazu Ihren Blick auf das

Hinterbein, welches seitwärts treten soll und zielen mit der eigenen Fußspitze auf dieses Bein. Alles andere ist in dem Moment unwichtig – mehr dazu im Übungsteil.) Sparsame und klare Bewegungen sind im Umgang mit dem Pferd angesagt. Je mehr Sie selbst in Aktion sind, umso weniger können Sie dem Pferd zuhören, bzw. die Reaktionen des Pferdes beobachten.

2. Organisieren und strukturieren

Ein komplexes System aus vielen Teilen erscheint einfacher, wenn die Teile in sinnvolle Kategorien aufgeteilt sind. Wenn wir etwas in den richtigen Kontext stellen und es mit schon Bekanntem vergleichen, fällt es uns meist leichter, es zu verstehen. Manche Menschen brauchen z.B. eine Ablaufzeichnung, um sich die Bewegung von Mensch und Pferd im Raum vorzustellen, wenn z.B. das Pferd rückwärts durch Hindernisse dirigiert werden soll. Auch die gibt es im Übungsteil.

3. Zielgerichtet und konzentriert handeln, Ablenkungen ausblenden

Das spart Zeit und Nerven.

4. Wissen erwerben, Zusammenhänge verstehen, offen für Unbekanntes bleiben

Beschäftigen Sie sich mit der »Materie« Pferd und versuchen Sie, so viel wie möglich über die natürlichen Verhaltensmuster des Pferdes herauszufinden. In diesem Buch kann das Thema Pferdeverhalten nicht umfassend behandelt werden.

Je größer Ihr Vorwissen ist, desto einfacher und logischer erscheinen viele Dinge, die auf den ersten Blick paradox erscheinen. Versuchen Sie möglichst, Parallelen zu Dingen zu finden, die Sie schon kennen oder beherrschen. Wenn Sie z.B. ein Pferd rückwärts um die Ecke dirigieren wollen stellen Sie sich vor, ein Auto mit Hänger rückwärts einzuparken. Sie sind das Auto, das Pferd ist der Anhänger. Wenn Sie Ihre Position nach links verändern, weicht die Hinterhand des Pferdes nach rechts aus (von Ihrem Standpunkt aus gesehen). Auch hierzu gibt es Ablaufzeichnungen im Übungsteil.

5. Selbstvertrauen: den eigenen Fähigkeiten vertrauen

Wenn wir etwas wirklich auf allen Ebenen (geistig, emotional und körperlich) begriffen haben und für richtig halten, erscheint uns das »Tun« einfach und folgerichtig und wir können unseren eigenen Fähigkeiten vertrauen.

6. Gewohnheiten erkennen und gegebenenfalls ändern

Das Gedächtnis sitzt nicht nur im Kopf. Auch der Körper hat ein Bewegungs-Gedächtnis und führt einmal erlernte Handlungen oft aus, ohne dass der Kopf bewusst »eingeschaltet« wird (bestes Beispiel ist das Autofahren). Das sind unsere Gewohnheiten. Diese sind bequem, da wir eben unser Gehirn nicht für Alltägliches bemühen müssen, aber sie sind nicht immer zweckdienlich. »Das haben wir immer schon so gemacht« – dieser Satz ist gefährlich, denn er hindert uns am Weiterlernen bzw. am Umlernen. Sieht man, wie schlecht Körperbewusstsein und Haltung oft schon bei Jugendlichen und erst recht bei Erwachsenen im mittleren Alter ausgeprägt sind, so ist es dringend erforderlich, so manche schlechte Angewohnheit (z.B. eine krumme Körperhaltung) abzulegen und sich eine bessere anzugewöhnen. Unsere Pferde werden auf einen (selbst-)bewussteren Einsatz des Körpers sofort positiv reagieren, weil wir damit klarer im Ausdruck werden.

Leider gibt es auch so etwas wie ein Schmerz-Gedächtnis, was sowohl Pferde als auch Menschen bisweilen davon abhält, sich effektiv zu bewegen, weil sie einen Schmerz befürchten. Wo der Schmerz zur Gewohnheit geworden ist, werden noch lange nach Abklingen des Schmerzes Schmerzvermeidungstaktiken angewendet. Auch mit solchen Ausweichbewegungen muss man sich auseinandersetzen, wenn die Körpersprache deutlicher werden soll.

7. Emotionale Kontrolle

Hinterlegen Sie (erwünschte) Handlungen mit positiven Emotionen und erinnern Sie sich, wie gut Sie sich mit dieser oder jener Aktion gefühlt haben. Mit diesen Hinterlegungen lassen sich »schlechte« Gewohnheiten besser ablegen.

Ein wesentliches »emotionales Thema« ist bei vielen Menschen, die im Umgang mit Pferden noch nicht routiniert sind, das Thema Angst. Wer nicht gelernt hat, wie er mit einem Tier, das ihm an Kraft und Schnelligkeit deutlich überlegen ist, richtig umgeht, hat es natürlich schwer, seinen Führungsanspruch durchzusetzen. Deswegen ist so wichtig, viel über die Verhaltensstrukturen unseres Trainingspartners Pferd zu lernen (siehe Punkt 4). Vorhandene Ängste können durch professionelle Anleitung abgebaut und auch durch mentale Techniken aufgelöst werden.

8. Sicherheitsvorkehrungen

Wo wir gerade das Thema Angst angeschnitten haben, noch ein Wort zur Sicherheit.

Um sich in unserer von oft stark befahrenen Straßen durchzogenen Umwelt sicher mit dem Pferd im Gelände bewegen zu können, brauchen Mensch und Pferd eine Ausbildung. Das Pferd muss lernen, dass der Mensch in allen Situationen derjenige ist, der bestimmt, was zu tun ist. Es muss dem Menschen bedingungslos vertrauen und darf sich nicht losreißen, um vor einer vermeintlichen Gefahr zu fliehen. Die Folgen können fatal sein, wie Sie sich leicht vorstellen können. Wie ein solches Vertrauensverhältnis hergestellt wird, wird im weiteren Verlauf dieses Buches erklärt. Vieles davon kann mit etwas gesundem Menschenverstand erarbeitet werden. Konsequenz, Selbstbewusstsein, Souveränität und Gelassenheit seitens des Menschen sind beste Voraussetzungen, um das Pferd gut zu erziehen und zu einem verlässlichen Partner zu machen (siehe Übungsteil).

Einen weiteren Sicherheitsfaktor stellt gute Ausrüstung und funktionelles Trainings-Equipment dar, wie im Kapitel Ausrüstung beschrieben wird.

9. Fehler machen gehört dazu

Akzeptieren Sie, dass sich nicht alles zu jeder Zeit beherrschen oder vereinfachen lässt und dass bisweilen etwas nicht funktioniert. Und bleiben Sie entspannt. Analysieren Sie hinterher, warum es nicht geklappt hat, und legen Sie sich für eine ähnliche Situation im Geiste einen Handlungsplan zurecht. Machen Sie es einfach beim näch-

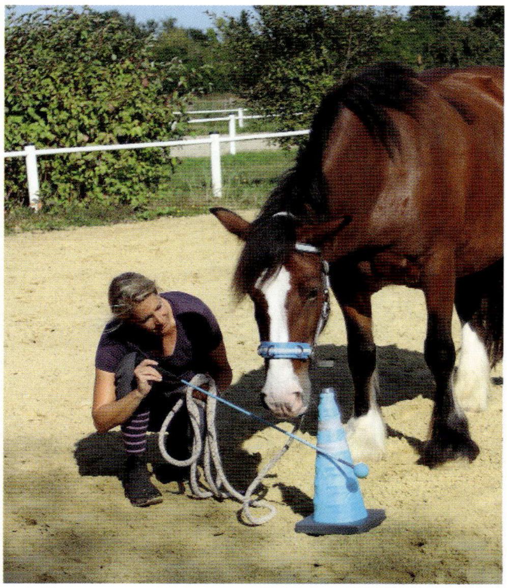

sten Mal anders und besser; betrachten Sie den Fehler als Möglichkeit, dazuzulernen.
Fehler machen wir ständig: im Umgang mit dem Pferd und auch mit anderen Menschen; das lässt sich nicht vermeiden. Schlimm ist jedoch, fünf Mal den gleichen Fehler zu machen, weil wir aus dem ersten nichts gelernt haben.

Alles ganz easy?

Bewegt sich ein erfahrener Pferdemensch mit dem Pferd am Boden, so sieht das im Idealfall spielerisch und leicht aus. Die meisten, die so etwas ohne einschlägige Erfahrung nachmachen wollen, werden allerdings ihr blaues Wunder erleben. Ganz so einfach, wie es aussieht ist es nicht, denn wenn Sie ein Pferd in Bewegung setzen wollen, müssen Sie ganz genau wissen, was Ihr eigener Körper ausdrückt. Wie schon erwähnt, wissen das viele Menschen, die den Großteil ihrer Zeit sitzend im Büro verbringen, oft nicht mehr so genau. Haltungsdefizite, aber auch Angst und Unsicherheit machen die Körpersprache unpräzise und das Pferd ignoriert Sie oder reagiert zumindest nicht wunschgemäß. Mangelnde Konzentration auf die Aufgabe und fehlende Aufmerksamkeit von Mensch und/oder Pferd stören die Kommunikation und lassen die Signale des Menschen ins Leere laufen. Wenn das Pferd Sie z.B. nicht anschaut, nimmt es auch Ihre körpersprachlichen Anweisungen nicht wahr.
Umgekehrt können Sie die Absichten des Pferdes nicht wahrnehmen, wenn Sie nicht aufmerksam auf kleine Veränderungen in Mimik und Körperspannung des Pferdes achten. Das sich unbeobachtet fühlende Pferd nutzt dann bisweilen Ihre Unaufmerksamkeit, um sich »aus dem Staub zu machen«.
Veränderungen in Körperspannung und Verhalten des Pferdes (z.B. Hochdrücken des Halses, Anlegen der Ohren, missmutiges Kräuseln der Nüstern, Zähneblecken etc.) müssen durch feines Beobachten wahrgenommen werden. Nur dann können Sie schnell genug eingreifen, wenn das Pferd unerwünschte Handlungen ankündigt.

Aufgaben und Anforderungen bewusst wählen

Fragen Sie sich immer im Vorfeld, was Sie dem Pferd und sich selbst zum aktuellen Stand der Ausbildung zumuten können. Ein untrainiertes Pferd in einer kleinen Volte um sich herumgaloppieren zu lassen, wird nicht funktionieren: Das Pferd kann es einfach körperlich noch nicht. Und ein Pferd rückwärts um die Ecke zu dirigieren kann nur dann gelingen, wenn das Pferd sich prinzipiell rückwärts wegschicken lässt.

Richtig und falsch – eine Frage des Standpunkts

Die Begriffe »richtig« und »falsch« sind bei Pferden immer nur in Bezug zum Menschen zu sehen. Man sollte sie modifizieren und eher sagen »unerwünscht oder erwünscht in der Zusammenarbeit mit dem Menschen«.
Das Pferd macht prinzipiell keine Fehler. Es reagiert in seinem Bezugssystem immer richtig. Wenn es erschrickt und eine 180-Grad-Wendung macht, um davonzulaufen, dann ist das in seiner Erfahrungswelt eine Strategie, um Schaden zu vermeiden, denn das, wovor es erschrickt, könnte sein Leben bedrohen. Für den Menschen kann das jedoch bedeuten, dass das Pferd sich losreißt und Schaden anrichtet. Er sollte bestrebt sein, dem Pferd solche Schreckreflexe abzugewöhnen und ihm klarmachen, dass ihm in Gesellschaft des Menschen nichts geschehen kann. Die Übungen des Horse Walking bieten einen guten

Ansatz, um solche unerwünschten Reflexe abzutrainieren.

Persönlichkeiten

Pferde sind ausgeprägte eigenständige (und auch oft eigenwillige) Persönlichkeiten mit individuell sehr unterschiedlichem Charakter. Es gibt ängstliche, vertrauensselige, mutige, ausgeglichene, nervöse, sensible oder phlegmatische; solche, die schnell lernen und andere, die etwas länger brauchen. Alle menschlichen Eigenschaften gibt es auch beim Pferd.

Diese Individualität muss in der Zusammenarbeit mit dem Pferd berücksichtigt werden. Deswegen sind starre Ausbildungsregeln in den seltensten Fällen hilfreich.
Gute Zusammenarbeit funktioniert nur, wenn beide Partner einen Vorteil von der Zusammenarbeit haben, wenn sie sich miteinander wohlfühlen und bereit sind, dem jeweils anderen zuzuhören, d.h. Aufmerksamkeit zu schenken. Ein respektvoller Umgang miteinander ist angesagt, damit die »Persönlichkeitsrechte« von Pferd und Mensch bewahrt werden.

Respekt vor dem Pferd und Verständnis für seine Bedürfnisse

Menschen möchten mit dem Pferd ihre Freizeit verbringen. Weil sie einen Ausgleich zum stressigen Büroalltag suchen. Oder auch, weil sie sportliche Erfolge mit ihrem Partner Pferd erringen wollen.
Gute Gründe, aber was hat das Pferd davon?
Es muss sich nicht ums Überleben kümmern, hat immer genug zu fressen und ein Dach über dem Kopf, mögen Sie nun einwenden, dafür kann es ruhig ein wenig Dienst als Freizeitpartner tun.
Richtig, aber ...
Haben wir uns einmal gefragt, ob die Pferde freiwillig mit uns zusammenarbeiten würden, wenn sie eine Alternative hätten? Sie können sich unseren Wünschen und Forderungen nicht wirklich entziehen, selbst wenn sie das bisweilen versuchen und sich z.B. auf der Koppel nicht einfangen lassen.
Auch, wenn viele Menschen ihre Pferde ins Herz geschlossen haben, fehlt ihnen oft das Verständnis für die Bedürfnisse eines Herdentieres, die über Futter und Wasser hinausgehen. Da werden Pferde 23 Stunden in der Box gehalten, um dann mal ein Stündchen trainiert zu werden. Pferde in ihrer natürlichen Umgebung sind 16 Stunden am Tag in Bewegung und nehmen dabei Nahrung auf. Das Pferd ist ein Dauerfresser mit kleinem Magen, der ständig Magensäure zum Verdauen produziert.
Viele Pferde in der Obhut des Menschen, insbesondere Turnierpferde, werden zwar 2- bis 3-mal am Tag mit Kraftfutter vollgestopft, bekommen aber bisweilen nicht ausreichend Heu zu fressen, weil sie ja einen Heubauch bekommen könnten. Das Verdauungssystem ist jedoch nicht auf eine solche Art der Fütterung ausgelegt, und nicht wenige Pferde haben Magengeschwüre, zu denen auch so manche Trainingsmethode beiträgt, bei der das Pferd unter Stress steht.

Auf der anderen Seite werden Pferde verhätschelt, geschoren und eingedeckt, vor Zugluft, Regen und Kälte geschützt und aus Angst vor Verletzungen isoliert gehalten. Auch das ist der Gesundheit und der Psyche des Pferdes nicht zuträglich. Atemwegskrankheiten, Verdauungsbeschwerden, Sehnenprobleme und Verhaltensstörungen sind die Folge missverstandener Pferdeliebe.

Wenn wir uns mit Pferden beschäftigen wollen, sollten wir uns darüber im Klaren sein, dass es unsere moralische Pflicht ist, dem Lebewesen Pferd, das uns auf Gedeih und Verderb ausgeliefert ist, ein artgerechtes Leben zu ermöglichen. Dafür müssen wir uns mit seinen natürlichen Lebensumständen und Bedürfnissen beschäftigen und dürfen es nicht vermenschlichen. Und da Pferde von Natur aus neugierig, sozial und gutmütig sind, werden sie dann tatsächlich freiwillig und gern mit uns zusammenarbeiten – auch dann, wenn wir nicht immer alles »richtig« machen.

Sich in die Lage des Pferdes versetzen, sein Verhalten verstehen lernen

Auch im Training fehlt es oft am Verständnis für die Bedürfnisse des Pferdes. Viele Menschen können sich nicht vorstellen, mit welchen Schwierigkeiten (und Ängsten) das Pferd im menschlichen Umfeld bisweilen zu kämpfen hat.

Prinzipiell ist das Pferd als friedlicher Pflanzenfresser ein Fluchttier. Der Fluchtreflex hat ihm das Überleben bis heute gesichert. Auch unser modernes – schon lange domestiziertes Pferd – neigt dazu, erst wegzulaufen und dann aus sicherer Entfernung zu schauen, ob etwas wirklich gefährlich ist. In einer funktionierenden Herde mit klaren Strukturen gilt jedoch die Regel, dass das Pferd nicht am Herdenchef vorbeilaufen darf. Wenn der Chef keine Gefahr signalisiert, ist auch keine Flucht eines einzelnen Herdenmitglieds angesagt.

Für den Horse Walker, der sein Pferd gut vom Boden aus kontrollieren will, bedeutet das: Übernehmen Sie die Rolle des Herdenchefs und erlauben Sie dem Pferd nicht, an Ihnen vorbeizudrängeln, wenn Sie es führen – egal, was um Sie herum passiert. Mit diesem einfachen Grundsatz begründen Sie eine artgerechte Ausbildung am Boden und lehren das Pferd, Ihnen zu vertrauen. So weit, so gut. Dass das im Einzelnen durchaus mit Schwierigkeiten verbunden sein kann, steht außer Frage. In diesem Buch werde ich nicht nur Übungen vorstellen, sondern auch auf mögliche Schwierigkeiten und ihre Überwindung hinweisen.

Horse Walking Lerninhalte

- Versetzen Sie sich in die Lage des Pferdes.
- Lernen Sie die Bedürfnisse des Pferdes kennen und schaffen Sie ihm ein Umfeld, in dem es sich wohlfühlt.
- Respektieren Sie die Persönlichkeit des Pferdes mit allen ihren Eigenarten.
- Stellen Sie angemessene und erfüllbare Forderungen ans Pferd.
- Arbeiten Sie mit bildhaften Vorstellungen. Damit können Sie schneller (re-)agieren.
- Begreifen Sie sich selbst und das Pferd als ein geschlossenes System in Bewegung, in dem jede Aktion immer das ganze System beeinflusst (Der Energiekreis).

KAPITEL 2

Ausrüstung und Hilfsmittel

Ausrüstung ist immer nur ein Hilfsmittel und nicht Selbstzweck. Wie bei den Hilfen/Signalen heißt es: so wenig wie möglich, so viel wie nötig.

Basis-Ausrüstung

An einem Punkt müssen Sie mit der Kontrolle über das Pferd ansetzen. Es ist dies normalerweise der Kopf. Über den Kopf des Pferdes, über Gehirn, Augen und Ohren, erlangt man seine Aufmerksamkeit. Der Kopf eignet sich zudem am besten für das Anbringen eines Kontrollinstruments wie Halfter, Kappzaum oder auch Trense – nicht zuletzt wegen seiner Empfindlichkeit.
Glauben Sie jedoch nicht, dass Sie das ganze Pferd kontrollieren können, wenn Sie Kopf und Hals mit Hilfszügeln in eine bestimmte Haltung zwingen. Um das ganze Pferd zu kontrollieren, müssen Sie seine Bewegungsrichtung und seinen Körper beeinflussen können: speziell Hinterhand und Schulter. Vor allem aber müssen Sie seine Kooperation haben. Diese bekommen Sie, wenn das Pferd Ihnen vertraut. Das Vertrauen müssen Sie sich jedoch mit souveränem und fairem Verhalten verdienen und erarbeiten.
Stimmen die Ausbildung und das Vertrauensverhältnis zwischen Mensch und Pferd, ist auch die Kontrolle im Gelände mit »Minimalausstattung« kein Problem. Stimmen sie nicht, so ist das Pferd auch mit scharfen Zäumungen nicht zu kontrollieren (was in gleicher Form auch beim Reiten gilt).

Halfter, Kappzaum, Sidepull & Co

Das Knoten-Halfter ...

... gibt einen punktuellen Druck direkt an der Stelle, an der er ausgeübt wird, auf den Pferdekopf weiter.

Das Gurt- oder Lederhalfter ...

... verteilt den Druck und macht die Einwirkung unschärfer und weicher.

Bei den meisten Pferden, die gut auf die Körpersprache des Ausbilders reagieren, ist es jedoch unerheblich, welche Art von Halfter man verwendet, denn es ist nur noch untergeordnetes Hilfsmittel.
Das Halfter wird so verschnallt, dass es nicht knalleng am Pferdekopf anliegt. Es sollte jedoch auch nicht bei jeder Bewegung schlackern oder sich über das äußere Auge herüberziehen lassen. Das Knotenhalfter ist etwas loser als ein Gurthalfter.

Führstrick/Leitseil und Haken

Zum Halfter gehört ein langes Leitseil. Es sollte mindestens 3,5 m lang sein und möglichst schwer. Die normalen Anbindestricke mit Panikhaken sind zur Arbeit ungeeignet. Sie sind zu kurz und zu leicht.
Das freie Seilende wird anstelle einer Gerte, Peitsche oder eines Sticks verwendet. Dazu wird es propellerartig kreisend in der jeweils freien Hand geschwungen. Das Seil muss dafür gut und locker in der Hand liegen und darf nicht zu Knotenbildungen neigen.

Die Arbeit mit der Minimalausstattung Halfter plus Leitseil erleichtert schnelle Richtungswechsel, weil mit dem Seil sehr schnell führende und freie Hand gewechselt werden können (siehe Übungsteil). Arbeiten Sie mit Peitsche, Gerte oder Stick ist dieser Wechsel schwieriger.
Der Haken am Leitseil sollte schwer sein, und nicht von allein aufgehen.
Noch besser ist oft eine Verbindung zwischen Halfter und Strick ohne Metallhaken, weil das Metall bei manchen Bewegungen gegen das

Kinn des Pferdes schlagen kann. Diese Verbindung ist jedoch nur sinnvoll, wenn man sie nicht dauernd umschnallen muss.

Der Kappzaum

Statt eines Halfters kann auch ein Kappzaum verwendet werden. Er hat gegenüber dem Halfter den Vorteil, dass er nicht so leicht verrutscht. Konventionelle Kappzäume müssen jedoch recht fest am Kopf des Pferdes verschnallt sein. Durch diese feste Verschnallung wird dauernd ein leichter Druck auf den Kopf des Pferdes ausgeübt. Wollen Sie dem Pferd ein Signal geben, so müssen Sie nun festeren Druck ausüben, um den schon vorhandenen Druck zu »überlagern«. Es gibt jedoch inzwischen auch leichtere Kappzaum-Modelle, die lockerer verschnallt werden können.

Eine schöne Multifunktionsalternative, in die man auch Gebiss und Zügel zum Reiten einschnallen kann, ist das Halfter der Firma Krämer. Es ist als Anbindehalfter, Arbeitshalfter, Kappzaum und schließlich auch noch als Trense verwendbar.

Der Multifunktions-Kappzaum ist vielseitig einsetzbar: als Halfter, Kappzaum und Trense.

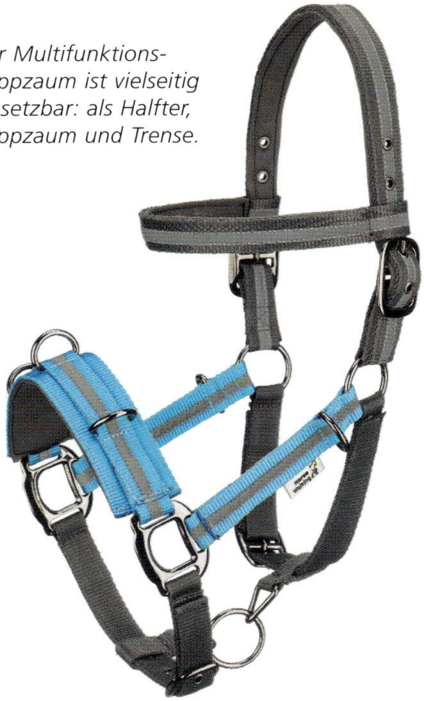

Sidepull

Ein Sidepull ist eingeschränkt verwendbar. Beim Richtungswechsel müssen Sie das Leitseil jeweils neu innen anbringen. Zudem sollten Sie darauf achten, dass es nicht verrutscht und dem Pferd ins Auge gerät. Dazu kann man bei Bedarf einen zusätzlichen Backenriemen anbringen.

Longe oder ein ca. 6–7 m langes Seil

Die Longe oder ein längeres Seil sind für die Arbeit auf weiteren Zirkeln anfangs unentbehrlich. Nur mit dem Leitseil können Sie z.B. ein junges Pferd im Galopp nicht arbeiten, denn es kann sich auf dem kleinen Zirkel noch nicht ausbalancieren.

Die Longe sollte jedoch die gleichen Merkmale wie der lange Strick aufweisen: Sie sollte weich und schwer sein, gut in der Hand liegen und nicht zur Schlaufen- oder Knotenbildung neigen. Die gängigen Longen aus Bandmaterial liegen nicht gut in der Hand und sind auch meist zu leicht, so dass sie im Wind flattern und damit dem Pferd zusätzliche – unbeabsichtigte – Signale geben. Der Wellenschlag (siehe: Rückwärts) ist mit einer zu leichten Longe kaum vernünftig auszuführen. Auch das freie Ende der Longe sollte man als Peitschenersatz in Form des Seilpropellers verwenden können.

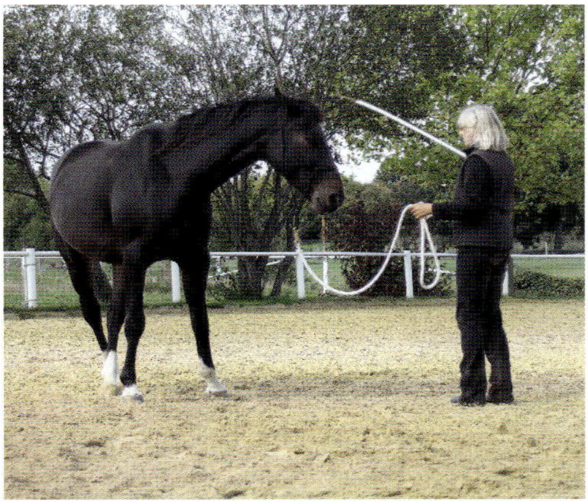

Longe und Leitseil sollten gut in der Hand liegen und nicht zur Knotenbildung neigen.

Halfter bzw. Kappzaum, Leitseil und langes Seil / Longe genügen für die »Boden-Grundausbildung« des Pferdes, welches keine besonderen physischen oder psychischen Schwierigkeiten hat.

Führkette

Bei problematischen Pferden, die schon »gelernt« haben, ihren eigenen Kopf durchzusetzen, kann der Einsatz einer Führkette sinnvoll sein, um notfalls bessere Kontrolle zu haben. Sie soll jedoch immer nur in Form eines kurzen Rucks eingesetzt werden. Ein Festziehen ist – wie ja eigentlich immer beim Umgang mit Pferden – zu vermeiden, denn es stumpft die Pferde auf diese schmerzhafteren Signale hin ab und provoziert im schlimmsten Fall Widerstand gegen den Schmerz. Binden Sie ein Pferd niemals an der Führkette an!

Prinzipiell ist es zwar so, dass ein Pferd, welches sich nicht kontrollieren lassen will, auch nicht kontrolliert werden kann, egal mit welchen Zwangsmitteln. Das »schärfere Kontrollinstrument« wirkt sich allerdings auf die mentale Verfassung des Menschen aus, der sich damit sicherer fühlt und deswegen souveräner agiert. Eine Art psychologischer Notnagel.

Hilfsmittel

Hilfsmittel für eine verlängerte Reichweite des Menschen sind eine lange Gerte sowie kurze und lange Peitsche und der so genannte Stick: ein kurzer handlicher Stock mit einem mittellangen schweren Seil vorne dran.

Die Peitsche sollte nicht zu schwer sein. Eine kürzere Peitsche mit langer Schnur (Fahrpeitschen eignen sich gut) ist der unhandlichen langen Peitsche vorzuziehen, die man kaum noch mit der Spitze vom Boden hochbekommt: Ein gezieltes Treffen mit der Peitschenschnur ist bei einer zu schweren Peitsche kaum möglich. Die Peitschenschnur selbst, der »Schlag«, besteht am besten aus einem dünnen Lederriemen. Leder ist stabil genug und trotzdem leicht. Dicke Schläge aus geflochtenem Nylon sind unbrauchbar, da auch wieder zu schwer und unhandlich.
Wollen Sie, dass Ihr Pferd ein Signal mit der Gerte als bedrohlich empfindet oder mehr Respekt vor

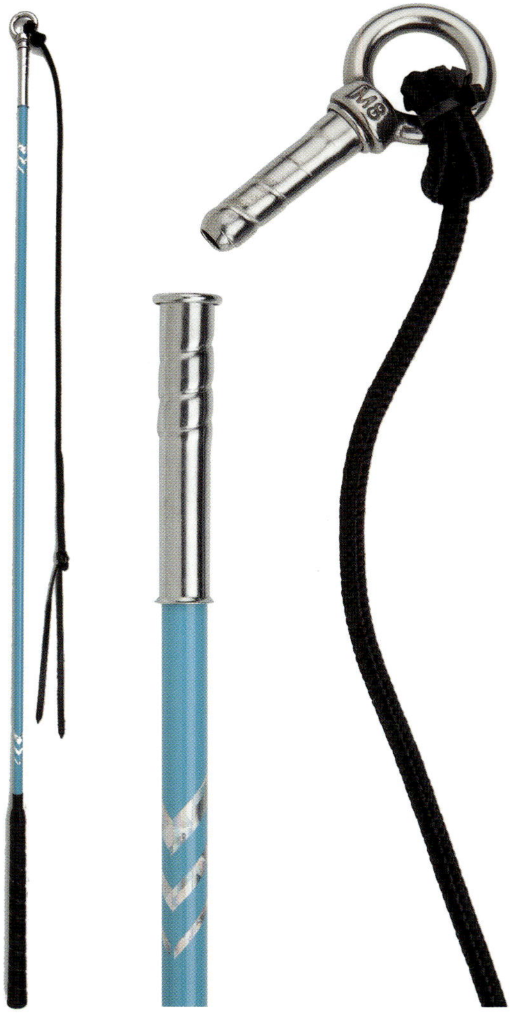

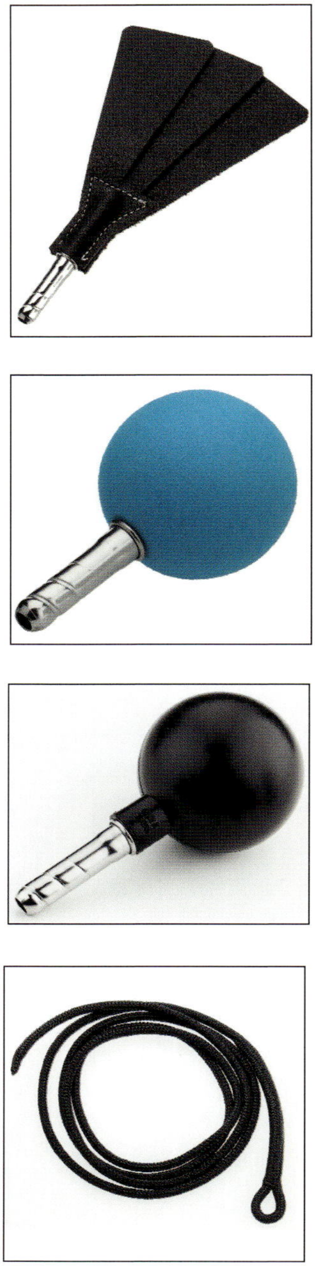

Die verschiedenen einschraubbaren Spitzen des Multifunktionssticks.

der Gerte bekommt, so können Sie ein Stück Plastik o.Ä. an der Gertenspitze befestigen.

Auch hier gibt es einen sehr praktischen und handlichen »Multifunktionsstick« von Krämer. Er kann mit 5 verschiedenen Schlägen und Spitzen (darunter auch eine Rassel) zum Auswechseln versehen werden, so dass er die Funktionen von Gerte, Zeigestock, Fahrpeitsche und normaler Peitsche abdecken kann. Man wählt die einschraubbare Spitze, je nachdem, welche Funktion man gerade braucht.

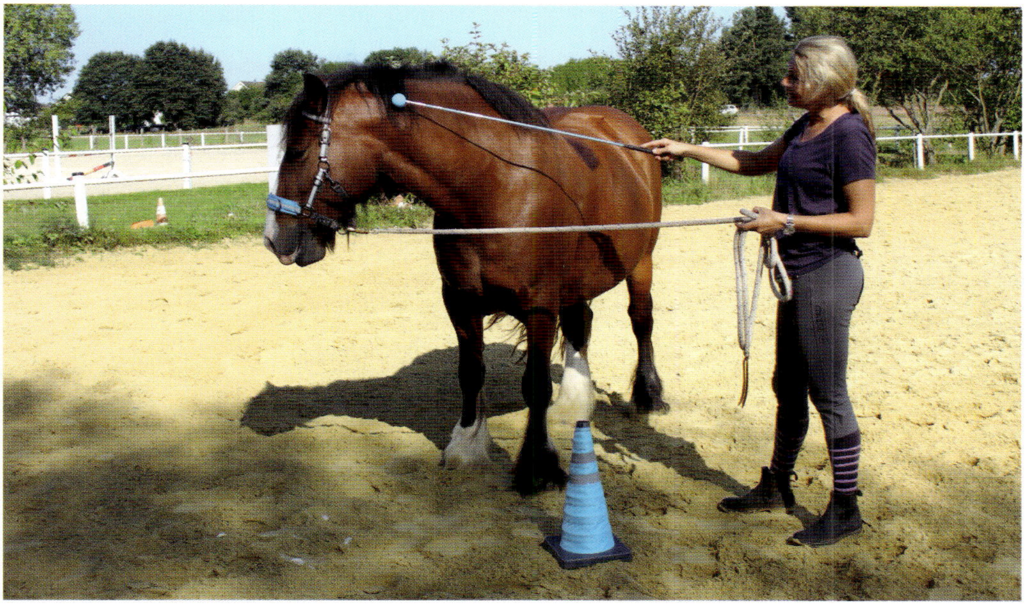

Der Stick mit der blauen Targetkugel im Einsatz.

Mit dem Material umgehen lernen

Eine kurze Empfehlung zum Umgang mit den Hilfsmitteln Leitseil, Stick und Gerte/Peitsche: Trainieren Sie den Umgang damit, bevor Sie ans Pferd gehen. Das Pferd sollte Ihre volle Aufmerksamkeit haben. Wenn Sie mit Peitsche oder Stick herumprobieren oder den Umgang mit dem freien Seilende des Führstrickes üben, so sind Sie vom Pferd abgelenkt, was dieses für unerwünschte Eskapaden nutzen kann.

Übungen mit dem freien Seilende können z.B. folgende sein: Schwingen Sie das Ende propellerartig in der freien Hand und nähern sich damit einem Gegenstand, bis Sie ihn mit dem »Propeller« leicht streifen. Dann entfernen Sie sich wieder und nähern sich erneut an – ohne den Rhythmus des Kreisens zu verändern. Beherrschen Sie das, so können Sie auch das Pferd an jeder beliebigen Stelle seines Körpers, damit »stören«.

Übungen mit der Peitsche beziehen sich vorwiegend auf ein zielgenaues Treffen mit der Peitschenschnur. Es geht darum, jede Stelle des Pferdes, an der etwas verändert werden soll, gezielt touchieren zu können. Üben Sie evtl. mit einem menschlichen Partner (siehe Übungsteil: Führen und Folgen/Trockentraining)).

Lernen Sie auch, einen Gerten- oder Peitschenschlag aus dem Handgelenk auszuführen, ohne Arm oder Hand dabei nennenswert zu bewegen. Das ist wichtig, um dem Pferd eine Peitschenhilfe nicht immer durch ein Ausschwingen des Armes anzukündigen. Manchmal ist es angebracht, das Pferd überraschend zu treffen, ohne dass es sich durch Verspannen und Davonlaufen auf die Peitschenberührung vorbereiten kann.

Bei der Arbeit am langen Zügel oder an der Doppellonge ist es zudem wichtig, das Pferd bei einer Gerten-/Peitschenhilfe nicht am Kopf zu stören. Dies ist nur möglich bei einer Bewegung aus dem Handgelenk.

Auch den Peitschenknall kann man üben und dazu einsetzen, die Aufmerksamkeit des Pferdes zu erlangen (z.B. anstatt der oder zusätzlich zur Stimme).
Um mit der Peitschenschnur zu knallen, ziehen Sie die Schnur ganz langsam im Bogen zu sich heran, heben dann den Peitschenstiel ruckartig hoch und schlagen ihn genauso ruckartig wieder herunter. Nicht alle Materialien knallen jedoch.

Doppellonge und langer Zügel

Sind die Basisübungen abgearbeitet, kann das Fahren vom Boden, die Doppellongenarbeit oder die Arbeit am langen Zügel folgen.

Sowohl Doppellonge als auch langer Zügel sollten gut in der Hand liegen, weich und schwer genug sein, damit sie nicht flattern. Kann und soll man die einfache Longe am (Knoten-)Halfter verwenden, um Gehorsam und Grundgymnastizierung ohne körperliches Einzwängen des Pferdes zu absolvieren, so sind Doppellonge und besonders der lange Zügel eher ein Werkzeug für Sidepull, leichten Kappzaum oder auch Trense, weil bei diesen die seitliche Führung besser funktioniert. Sie sollen die Arbeit unter dem Reiter weitgehend simulieren. Dazu gehört es auch, die Zügelhilfen so zu geben, als ob man draufsitzen würde. Zügelähnliches Gurtmaterial ist dafür am besten geeignet. Man kann sich jedoch auch mit einem weichen langen Strick behelfen.
Kleine Haken zum schnellen Einhängen der Zügel in die Trensenringe sind von Vorteil.

Longiergurt

Für die Arbeit an der Doppellonge und am langen Zügel ist ein Longiergurt hilfreich, allerdings auch nicht zwingend notwendig. Der Gurt sollte auf jeden Fall mehrere Ösen in verschiedener Höhe haben, um die Zügel in unterschiedlichen Höhen durchzuführen. Umlenkrollen erleichtern es dem Menschen, bei der Arbeit mit großen Pferden die Hände in einer bequemen Position zu tragen.

Satteltaschen für unterwegs

Will man mit dem Pferd längere Wanderungen unternehmen, kann man es das Gepäck tragen lassen. Hier gibt es eine leichte Satteltasche von Krämer, die man am Longiergurt befestigen kann.
Als Unterlage ist der gute alte Woilach – eine mehrfach gefaltete Wolldecke, die früher oft auch als Satteldecke verwendet wurde – eine ganz praktische Lösung, da man sie in Pausen auch als Decke verwenden kann. Es geht natürlich auch jede dickere Satteldecke oder ein Westernpad. Da die Satteltasche leicht und weich ist, muss der Pferderücken vor den Inhalten geschützt werden, die Unterlage muss also dick genug sein.

Gymnastizierende Arbeit im Gelände.

Umgebung

Neben der Vervollkommnung Ihrer eigenen Bewegungen und Reaktionen (siehe Übungsteil Körpersprache) sowie der Auswahl von geeigneter Ausrüstung können Sie sich das Leben zusätzlich dadurch erleichtern, dass Sie dem Pferd wenig Möglichkeiten geben, sich Ihrem Einfluss zu entziehen.

Roundpen

Glücklich können sich diejenigen schätzen, die einen fest eingezäunten, am besten noch überdachten Roundpen von etwa 18 bis 20 m Durchmesser zur Verfügung haben. In einem solchen Longierzirkel wird das Pferd wenig durch äußere Einflüsse abgelenkt. Es wird sich deswegen zwangsläufig mehr auf den Ausbilder konzentrieren. Zudem kann es beim Longieren nicht nach außen ausbrechen. Geht man zur freien Arbeit ohne Longe über, so kann sich das Pferd nicht in einer Ecke feststellen, wie dies häufig in einer eckigen Bahn vorkommt. Natürlich muss die Arbeit später überall durchführbar sein. Es geht nur um die Anfangsübungen, bei denen Sie so viele Ansatzpunkte zum Widerstand ausschließen sollten wie möglich.

Wer ein so bequemes Hilfsmittel wie den Roundpen nicht besitzt, muss improvisieren. Eine feste hohe »Strohballen-Umzäunung« ist als Ersatz brauchbar. Ein Paddock mit abgespannten Ecken kann ebenfalls als Führungshilfe dienen.
Auch die Bodenbeschaffenheit ist wichtig: Rutschfest sollte der Boden sein, damit sich das Pferd nicht aus Angst vorm Ausrutschen verspannt. Und nicht allzu tief, denn tiefer Sand belastet die Sehnen.

Trailhindernisse für Koordination und Abwechslung

Sind Sie gezwungen, bei jedem Wetter draußen zu arbeiten, so können Sie an Tagen, an denen alles unter Wasser steht, evtl. im Schritt an Trailhindernissen arbeiten. Zwingen Sie ein Pferd nicht im glitschigen Schlamm an der Longe zu konzentriertem Arbeiten, besonders wenn Sie merken, dass es auf diesem Boden Gleichgewichtsprobleme hat.

Arbeit am Boden mit verschiedenen – immer wieder neu zusammengestellten – Trailübungen ist für die meisten Pferde auch eine willkommene Abwechslung im Training.

Werfen Sie auch einen Blick aufs Wetter. Bei viel Wind und Kälte sind viele Pferde hektisch und unkonzentriert, weil überall etwas klappert oder flattert. Üben Sie neue oder schwierige Dinge mit einem jungen, unsicheren oder problematischen Pferd deswegen besser bei ruhigem, warmem Wetter.

Der Trailbaukasten

Stangen, Pylone, Schaumstoffstangen & Co.

Oft ist es aufwändig, einen Trailparcous aufzustellen. Holzstangen sind schwer und unhandlich und man hat keine Lust, sie herumzuschleppen. Auch hier gibt es eine »leichte« Alternative mit Schaumstoffstangen samt Verbindungselementen sowie Klapp-Pylonen von Krämer. Da ist schnell ein Parcours aufgestellt. Zudem können Gymnastikbälle, Plastikplanen, Klappersäcke, Flattertore und ähnliches ins Training eingebaut werden. Überraschen Sie Ihr Pferd und gewöhnen es an so viele unterschiedliche Gegenstände und Situationen, wie nur irgendwie möglich. Damit bekommt Ihr Pferd ein stabiles Nervenkostüm.

Schnell aufgebaut: Ein Gitter zum Drübertraben aus leichten Schaumstoff-Nudeln.

Schaumstoff-Nudeln und Verbindungshülsen sowie Klapp-Pylonen, die platzsparend aufbewahrt werden können.

Am Ende des Übungsteils gibt es einige Vorschläge, wie man verschiedene Parcours zusammenstellt.

Trense, Ausbinder, Schlaufzügel, Dreieckszügel & Co.

Den Hilfszügeln widme ich normalerweise nicht allzu viel Aufmerksamkeit, weil ich der Ansicht bin, dass sie im Allgemeinen nicht erforderlich sind. Insbesondere nicht bei der Grunderziehung und bei den Übungen zur Angstbewältigung (siehe dort).

Die Verwendung einer Trense zum Longieren oder für die Arbeit am langen Zügel ist meist erst dann sinnvoll, wenn man das Pferd ans Gebiss gewöhnen will und wenn es an die Feinarbeit geht.

Nachstehend einige Überlegungen dazu, wann und warum bisweilen ein Hilfszügel tatsächlich hilfreich sein kann und dazu, welchen Schaden falsch angewendete Hilfsverschnallungen und Kontrollinstrumente anrichten können.

Ausrüstung für Longenarbeit

Das Longieren des Pferdes mit Trense und Hilfszügeln, aber auch mit Kappzaum, Chambon oder mit dem Rückentrainer ist eine verbreitete Methode in der Ausbildung von jungen Pferden.

Beachtet man einige wichtige Richtlinien, dann kann man wenig Schaden damit anrichten. Ein wesentlicher Punkt bei dieser Longiermethode ist, dass das künftige Reitpferd sich schon früh ans Trensengebiss gewöhnt und lernt, einen Druck im Maul durch Nachgeben im Genick auszugleichen. Das Pferd ist von Anfang an leichter kontrollierbar. (Sitzt die Grunderziehung durch das Ausweichtraining jedoch sicher, dann ist fast jedes Pferd auch am Halfter ohne Hilfszügel kontrollierbar.)

Auch bei Verwendung von Hilfszügeln müssen Sie jedoch nicht unbedingt gleich mit einem Gebiss arbeiten. Ein Kappzaum bietet genug Möglichkeiten, Hilfszügel einzuschnallen. Die Kontrolle von Hals und Kopf funktioniert dann eben über die Nase und nicht über das Maul.

Der Rückentrainer verbindet die Vorteile der Doppellonge mit der unkomplizierten Handhabung der einfachen Longe. Das Pferd zeigt eine entspannte Haltung mit schön gedehntem Hals und aktiver Hinterhand.

Es gibt jedoch Pferde, denen man mit Hilfszügeln nicht so recht »beikommt«. Sie legen sich drauf oder machen sich zu eng im Hals und drücken trotz (oder auch wegen) der Hilfszügel den Rücken weg. Man erkennt dies an einem herausgedrückten Unterhals oder an einem »falschen Knick«, bei dem die Nasenlinie des Pferdes hinter die Senkrechte gerät. Beobachten Sie also Ihr Pferd sehr genau, wenn Sie mit Hilfszügeln arbeiten wollen, ob diese wirklich den gewünschten Effekt haben und eine richtige Dehnungshaltung überhaupt zulassen.

Hat sich das Pferd erst einmal an das Longierzubehör gewöhnt, kann man auch mit dem Rückentrainer (Foto oben) longieren, der die Vorteile der Doppellonge mit der leichteren Handhabbarkeit der einfachen Longe verbindet.

Nun gibt es allerdings ein paar »Todsünden« beim klassischen Longieren, die man auf keinen Fall begehen sollte. Nachfolgend einige grundsätzliche Richtlinien zur Vorgehensweise und Verwendung der Hilfsmittel.

Richtig Longieren

Verschnüren Sie das Pferd nicht wie ein Päckchen, sondern gewöhnen es langsam an den Druck im Maul oder auf der Nase. Verwenden Sie ein doppelt gebrochenes Gebiss. Verschnallen Sie Hilfszügel am Anfang ganz lang und verkürzen sie Schritt für Schritt sehr vorsichtig. Viele junge Pferde reagieren geradezu panisch, wenn sie – ohne große Vorwarnung – auf einmal den Kopf nicht mehr heben können. Die Einschränkung ihrer Bewegungsfreiheit erzeugt psychische und körperliche Spannung. Schon manches zu früh und zu stark ausgebundene Pferd hat sich in einem Panikanfall überschlagen.

Verspannte Muskeln im Hals- und Genickbereich und in der Folge ein festgehaltener Rücken sind jedoch das Mindeste, was Sie sich bzw. Ihrem Pferd einhandeln, wenn Sie unbedacht mit Hilfszügeln umgehen. Die untrainierte Muskulatur des Pferdes verträgt ein »Feststellen« der Oberhalslinie nicht und reagiert mit schmerzhaften Verspannungen. Junge Pferde bekommen regelrecht »Haltungsschmerzen«, wenn sie sich nicht zwischendurch lang machen und den Hals dehnen können (ältere übrigens oft auch).

Binden Sie dem Pferd auch das Maul nicht gewaltsam zu. Das hannoversche Sperrhalfter, welches die Trense in die Maulwinkel quetscht und den meisten Pferden (vor allem denen mit kurzer Maulspalte) zu tief auf der Nase sitzt und dabei womöglich noch die Atmung behindert, gehört meiner Ansicht nach auf Nimmerwiedersehen in die Mottenkiste. Das lose geschnallte englische Reithalfter reicht vollkommen aus – wenn überhaupt ein Nasenriemen notwendig ist. Sperrt das Pferd das Maul auf, dann ist das ein Zeichen von Unzufriedenheit: Das Pferd hat ein Problem und soll das auch ruhig zeigen. Dem Pferd das Maul zuzuschnüren, bekämpft allerhöchstens ein Symptom, aber nicht die Ursache des Maulaufsperrens.

Benutzen Sie einen Kappzaum zum Longieren, müssen Sie Nasenriemen (und Kinnriemen) meist etwas enger schnallen, damit der Kappzaum nicht verrutscht und seine Backenstücke dem Pferd nicht in die Augen geraten.
Benutzen Sie Kappzaum plus Trense, dann versuchen Sie, die Menge von Riemen am Kopf des Pferdes möglichst zu reduzieren.

Stellen Sie sich vor, Ihnen würde einer den Kopf mit vielen Riemen verschnüren – Sie fänden das sicher auch nicht so angenehm. Der Krämer-Multifunktionskappzaum ist da sehr hilfreich, weil in den Kappzaum das Trensengebiss eingeschnallt werden kann (siehe Seite 18).

Hilfszügel sind auf keinen Fall dazu da, das Pferd auf Dauer in eine bestimmte Haltung zu zwingen (das gilt für Horse Walking und Longieren genauso wie fürs Reiten). Auch das Herbeiführen einer Innenstellung des Pferdes durch deutliches Verkürzen des inneren Hilfszügels hat meist nicht den gewünschten Erfolg. Die Pferde lernen dabei oft, sich auf diesen kürzeren inneren Zügel draufzulegen und auf die innere Schulter zu fallen. Zudem haben Sie natürlich dann mit Richtungswechseln Probleme, weil Sie immer umschnallen müssen. (Dauerhafte Innenstellung erreichen Sie nur dadurch, dass Sie die Aufmerksamkeit des Pferdes auf sich lenken – siehe Ausweichtraining/Übungsteil.)

Ein einzelner Ausbinder an der **äußeren Seite** des Pferdes kann jedoch tatsächlich sinnvoll sein, wenn das Pferd den Hals zu stark nach innen stellt und die äußere Schulter dadurch überlastet.
Der **Außenausbinder** (Bild Seite 28) begrenzt die Innenstellung; die Stellung selbst wird über die Einwirkung mit der Longe erreicht. Der Außenausbinder hat vor allem den Vorteil, dass er dem Pferd zumindest nach einer Seite Bewegungsfreiheit lässt und so einen Panikanfall verhindert.

Lassen Sie das Pferd immer erst ein paar Runden mit langem Hals ohne Hilfszügel laufen. Und schieben Sie immer wieder Entspannungspausen in der Dehnungshaltung ein. Arbeiten Sie mit einem Chambon, dann kann das Pferd sich ohne Probleme abstrecken. Arbeiten Sie mit Ausbindern, so müssen Sie diese von Zeit zu Zeit

Der einzelne Außenausbinder verhindert, dass das Pferd an der Longe den Hals zu stark nach innen stellt und über die äußere Schulter wegdrängelt. Hier ist er in ein mildes Sidepull eingeschnallt.

lösen, um dem Pferd die Entspannung vorwärts-abwärts zu ermöglichen.

Achten Sie immer darauf, die Hinterbeine gut vorzutreiben, damit der Rücken nach oben kommt und schwingt. Es gibt nämlich genug »Künstler« unter den Pferden, die den Rücken durchhängen lassen, während Kopf- und Halshaltung vorne durch die Hilfszügelkonstruktion »ganz ordentlich« aussehen. Ein aufmerksamer Beobachter wird zwar immer sehen, dass da irgendwo ein Bruch in der Bewegung ist; wer sich aber nur auf eine bestimmte Haltung des Halses konzentriert, dem mag es entgehen, dass der Rücken »weg« ist.

Longierbrille – nein Danke

Hängen Sie die Longe in den Kappzaum (oder ersatzweise das Halfter) ein und nicht in die Trensenringe – nicht in den inneren und erst recht nicht über eine Verbindungsbrücke (Longierbrille) in beide. Damit ruinieren Sie dem Pferd mit Sicherheit das Maul. Mit dem Verbindungsstück erzeugen Sie mit einer normalen Trense die berüchtigte Nussknackerwirkung, bei der die beiden Teile des Gebisses im Gelenk eine Spitze Richtung Gaumen bilden und die Laden einzwängen. Das Gleiche passiert, wenn Sie die Longe in den äußeren Trensenring einhängen und sie dann unter dem Kinn des Pferdes durch den inneren Ring führen. (Bei Verwendung eines doppelt gebrochenen Gebisses schwächt sich die Wirkung etwas ab – die Laden werden jedoch weiterhin eingequetscht.) Hängen Sie die Longe in den inneren Ring ein, dann ziehen Sie dem Pferd unter Umständen den äußeren Trensenring mit durchs Maul, wenn es nach außen drängelt; das passiert allerdings nicht, wenn Sie einen Außenausbinder, Dreieckszügel oder einen Rückentrainer verwenden, weil diese das Gebiss im Maul in einer stabilen Lage halten. Die Longe kann dabei sowohl in den äußeren Trensenring eingehängt und dann über das Genick durch den inneren geführt werden, aber auch nur in den inneren Ring, weil ein »äußerer Zügel« das Durchziehen durchs Maul verhindert.

Erst bei der fortgeschrittenen Arbeit mit der Doppellonge bzw. am langen Zügel können die beiden Longen bzw. der lange Zügel in die Trensenringe geschnallt werden – weil nur dann eine genügende Feinabstimmung zwischen Menschenhand und Pferdemaul erreicht ist, um das Pferd im Maul nicht ungewollt zu drangsalieren. D.h. das Pferd ist gehorsam und geschmeidig genug, um sich nicht mehr gegen die Forderungen des Ausbilders zu wehren und der Ausbilder hat genug Fingerspitzengefühl für die Bewegungen des Pferdes – und seine eigenen – entwickelt, um eine weiche Verbindung zum Pferdemaul zu bekommen. Eine weiche Verbindung zum Maul ist mit den langen Zügeln deutlich schwieriger als z.B. das gefühlvolle »gummibandartige« Handhaben der Zügel beim Reiten (und selbst das bereitet ja vielen Reitern noch genug Schwierigkeiten). Zudem kommt noch die eigene, vom Pferd abgekoppelte Bewegung dazu. Da braucht es schon Erfahrung, um die Verbindung zum Pferdemaul zu halten. Die ersten Übungen mit der Doppellonge oder mit dem Fahren vom Boden sollten deswegen auch mit der harmloseren Verbindung Kappzaum-Hand geübt werden (auch ein Sidepull ist o.k.). Ein »Schnitzer« in der Zügelführung oder auch ein Hopser des Pferdes wirken sich dabei nicht gleich gravierend aus.

Das Fahren vom Boden ist prinzipiell nichts anderes als die Arbeit am langen Zügel. In den Übungen zur Angstbewältigung lernt das Pferd, etwas hinter sich herzuziehen. In der Arbeit mit der Doppellonge lernt es, sich sicher lenken zu lassen – und die Grundsatzarbeit für ein Kutschpferd wäre damit auch schon in eine vorbereitende Bodenarbeit integriert.

Sperr-Riemen – ja oder nein?

Am Thema Sperr-Riemen scheiden sich die Geister. Es kommt zwar hauptsächlich beim Reiten zu Diskussionen, doch auch beim Longieren mit Gebiss und Hilfszügeln ist es bedenkenswert.

Die eine Fraktion, zu der auch ich gehöre, lehnt den – fest zugezogenen – Sperr-Riemen rundweg ab, da er die Maultätigkeit behindert. Ein unzufriedenes Pferd, welches ohne den Sperr-Riemen das Maul aufsperren würde, versucht dies mit dem Riemen immer noch: Es knirscht, zeigt die Zähne, kräuselt die Nase, verspannt den Kiefer und wehrt sich gegen den Druck. Das Genick ist in der Regel gleich mit verspannt, da Kiefer und Genick des Pferdes direkt zusammenhängen. Der fortgesetzte Zwang und die dadurch entstehende ständige Spannung im Genick, macht das Pferd unsensibel auf die Zügelhilfen, nach gängiger Auffassung »hart im Maul«.

Das Aufsperren des Maules und Klappern mit den Zähnen stellt für so manches Pferd eine Möglichkeit dar, Spannungen abzubauen. Pferde, die aus verschiedensten Gründen »unter Strom stehen«, sind auch mit gebissloser Zäumung oft unruhig mit dem Maul und klappern mit den Zähnen, obwohl die Einwirkung über die Nase erfolgt. Das offene Maul ist zwar unschön und zeigt deutlich, dass etwas nicht stimmt, kann aber auch als »Ventil« Schlimmeres verhindern, z.B. dass das Pferd »in die Luft geht« oder sich die Spannung herausbockt.

In alten Reitlehren wird noch die Regel beschreiben, dass zwei Finger zwischen Nase und Sperr-Riemen passen sollen. Das wird von vielen

Ausbildern heute kaum noch berücksichtigt und dem Pferd wird regelrecht das Maul zugeschnürt.

Die Befürworter des strammen Sperr-Riemens führen folgende Argumente auf: Das Gebiss liegt ruhiger im Maul und das Pferd ist besser kontrollierbar.

Ersteres mag zutreffen, ist jedoch allenfalls bei »schlechter« (unkontrollierter, unsensibler) Handeinwirkung ein Thema. Und dagegen sollte der Mensch etwas unternehmen – bei sich selbst und nicht beim Pferd. Letzteres trifft nicht zu, da das Pferd sowieso schon durch den ständigen Druck fest im Maul ist und umso schneller gegen den Zügel geht oder sich drauflegt. Dem Menschen kann nicht durch Nachgeben Druck wegnehmen, denn der zugezogene Sperr-Riemen übt weiterhin Druck auf den kopf des Pferdes aus.

Der Sperr-Riemen verhindert das Durchziehen des Gebisses durchs Maul. Dieses Argument ist bedingt berechtigt. Doch mit einem Kinnriemen, wie ihn die Westernreiter benutzen, und/oder mit Verwendung einer Knebeltrense, ist dieser Punkt auch abgehandelt. Zudem sollte es bei vernünftiger Handhabung der Zügel nicht dazu kommen, das Gebiss durchs Maul zu ziehen.

Manche Riemen dienen allerdings der Fixierung des Kopfstückes. Sidepull oder Kappzaum müssen bisweilen so fixiert werden, dass bei seitlichem Zug nichts verrutscht und »ins Auge« geht.

Ein besseres Nervenkostüm durch Abhärtung mit Trailübungen – das Pferd hat dabei die Freiheit, wegzuspringen, wenn es ihm zuviel wird.

Ausrüstung für den Menschen

Das Equipment für den Menschen ist mit wenigen Worten abgehandelt. Man braucht:

Feste, Wasser abweisende Schuhe, in denen man gut laufen kann, und die auch einmal den Tritt in eine tiefere Pfütze aushalten.

Wetterfeste, atmungsaktive Kleidung nach dem Zwiebelschalen-Prinzip.

Regenkleidung.

Feste Handschuhe zum Schutz, wenn das Pferd doch einmal am Strick ziehen sollte.

Einen Hut gegen Sonne und Regen.

Ein Handy (für Notfälle).

Reiseapotheke und Kartenmaterial bei längeren Touren (siehe auch Draußen unterwegs).

Stirnlampe, Beleuchtung, Reflektoren, wenn man auch bei Dunkelheit unterwegs ist.

Horse Walking Ausrüstung

- Keep it simple!
  Die Ausrüstung muss Pferd und Mensch passen und unkompliziert handhabbar für den Menschen sein.

- Unser wichtigster »Ausrüstungsgegenstand« ist unser eigener Körper mit seinen differenzierten Ausdrucksmöglichkeiten.

KAPITEL 3

Grundsätze für ein entspanntes Miteinander

Mensch und Pferd müssen lernen, sich aufeinander zu verlassen

Die Lerninhalte für den Menschen

Lernen Sie, konsequent zu handeln und dem Pferd Grenzen zu setzen. Entscheiden Sie, was das Pferd in der Zusammenarbeit mit Ihnen darf und was nicht – und bleiben Sie bei der einmal getroffenen Entscheidung. Einmal »Nein« heißt immer »Nein« und nicht manchmal »Vielleicht« und bisweilen »Ja«. Seien Sie beharrlich in der Durchsetzung einer einmal gestellten Forderung, wenn Sie sicher sind, dass die Ausführung im Rahmen der Möglichkeiten des Pferdes liegt.

Keine Diskussion!

Der große Vorteil bei der Zusammenarbeit mit Pferden ist, dass man seine Entscheidungen nicht begründen muss. Pferde testen zwar auch immer mal wieder aus, wie weit sie gehen können, aber die Diskussionen, die man mit seinen Mitmenschen bisweilen bei einem »Nein« führen muss, hat man mit dem Pferd nicht. Es sei denn, man fordert etwas, was das Pferd körperlich noch nicht kann (z.B. eine enge Volte im Galopp) oder man drückt sich missverständlich aus und das Pferd weiß einfach nicht, was es tun soll (das ist leider weit verbreitet).

Gefahren und Angstbewältigung

Angst ist ein Thema, das immer wieder bearbeitet werden muss.

Angst des Pferdes vor bestimmten Gegenständen (z. B. Regenschirmen), vor unsicherem Grund oder Engstellen (Stichworte: Wasser und Verladen), vor rennenden Hunden oder flatternden Planen. Und Angst des Menschen vor den schnellen Reaktionen und der körperlichen Kraft des Pferdes sowie vor Kontrollverlust auch am Boden.

Überforderung vermeiden

Es gibt jedoch auch eine ganz reale Gefahr fürs Pferd: Gerade junge Pferde sind sehr leicht formbar und wollen »ihren« Menschen gefallen. Das führt bisweilen dazu, dass sie überfordert werden, wenn der Mensch als Lehrer des Pferdes sich nicht darüber im Klaren ist, was er von einem Pferd in welchem Stadium der Ausbildung fordern kann.

Auch bei Pferden, die, bedingt durch Verletzung oder Krankheit, langsam wieder am Boden antrainert werden, muss dem Menschen in jeder Phase des Trainingsplanes bewusst sein, was man ihnen zumuten kann.

Rahmenbedingungen

Pferde brauchen einen klaren Rahmen innerhalb dessen sie sich bewegen können; das entspricht ihrer Natur als Herdentier. In der Herde herrschen klare hierarchische Strukturen. Wer kann wen von seinem Platz (oder auch vom Wasser oder Futter) vertreiben? Wer muss ausweichen? Wer bestimmt das Tempo und die Richtung, in die sich die Herde bewegt? Die Herde bietet den einzelnen Mitgliedern Schutz und Sicherheit; die erfahrensten, souveränsten und klügsten Tiere übernehmen die Führung. Wenn diese Leittiere ruhig bleiben, droht keine Gefahr und die Pferde können sich ihrer Hauptbeschäftigung, der Nahrungsaufnahme, widmen. Geben sie allerdings das Signal zur Flucht, wird kein Pferd freiwillig zurückbleiben. Da Pferde von Natur aus »Energiesparer« sind und in der Regel keine Energie vergeuden wollen, ist schnelle Flucht tatsächlich nur in Notfällen angesagt. Ein Leittier, das die Herde unnötig in Bewegung hält, gefährdet de-

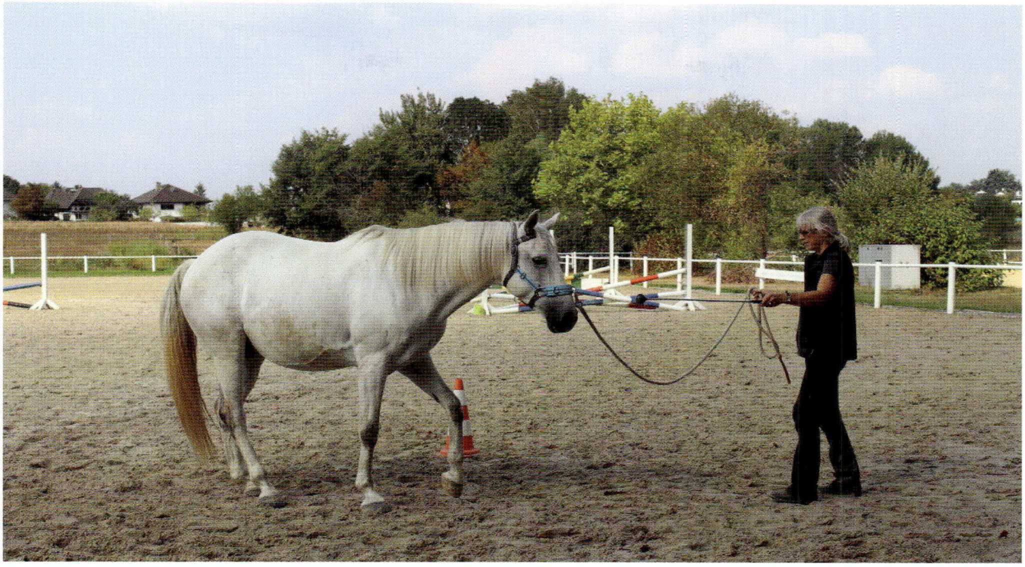

In der Herde gibt es klare Regeln, wer wem auszuweichen hat. Aus dem Herdenverhalten lassen sich auch die Regeln in der Mensch-Pferd-Beziehung ableiten. Hier weicht das Pferd rückwärts aus. Dafür muss es genug Vertrauen haben, dass der Mensch es nicht ins Verderben schickt, denn es sieht direkt hinter sich nichts.

ren Fortbestand, insbesondere im Winter, wenn das Nahrungsangebot knapp ist. Das gilt zwar für unsere domestizierten Pferde nicht mehr, ist jedoch in den Verhaltensstrukturen aller Pferde noch vorhanden. Ausnahme von der Energiespar-Regel bildet das Spiel, welches sowohl Trainingszwecken als auch dem Aufbau der Rangfolge dient.

Aus dem Verhalten in der Herde lassen sich die Verhaltensregeln für die Mensch-Pferd-Beziehung ableiten. Zudem ergeben sich daraus einige notwendige Eigenschaften, die der Mensch haben bzw. entwickeln sollte, wenn er die Führungsrolle in der Partnerschaft übernehmen will. Ich schreibe hier »will«, aber eigentlich sollte es »muss« heißen. Die Zusammenarbeit zwischen Mensch und Pferd kann nur gut funktionieren, wenn die Rollen und Aufgaben richtig verteilt werden.

Das Pferd hat dabei nur wenige Aufgaben zu erfüllen:

- 1. Es muss die Bewegungsenergie produzieren und auf Kommando loslaufen
- 2. Es muss aufmerksam auf den Menschen achten und
- 3. Es muss sich hinsichtlich Tempo und Bewegungsrichtung kontrollieren lassen

Der Mensch hat einen ziemlich großen Aufgabenkatalog abzuarbeiten, denn er ist für alles verantwortlich, was im »Gesamtsystem Mensch-plus-Pferd« passiert:

- 1. für die Erhaltung seines eigenen Gleichgewichts und dem des Pferdes
- 2. für die Kontrolle, d.h. Energie-, Richtungs- und Temposteuerung
- 3. für die Orientierung im Raum
- 4. für sinnvolle Ausbildungs-Konzepte und
- 5. für die Sicherheit beider Partner

Kurz: Der Mensch ist der Steuermann des Systems und braucht Führungsqualitäten. Körperliche Kraft spielt eine untergeordnete Rolle, denn mit den begrenzten menschlichen Kräften könnten wir keinesfalls ein Pferd von 500 oder 600 kg beherrschen. Reiten und Bodenarbeit sind stattdessen »Kopfsache«. Die Steuerung des Pferdes erfolgt im Kopf des Menschen – und die des eigenen – menschlichen – Körpers auch.
Zweckmäßige Gedankenbilder der gemeinsamen Bewegung im Raum und genaues Beobachten des Partners Pferd sind dabei essenziell. Souveränität und Gelassenheit sind wesentliche Bestandteile guten Führungsstils. Desgleichen Autorität in ihrer positiven Bedeutung – nicht als despotische Tyrannei, sondern als Ausdruck von Selbstsicherheit und der Idee, zu wissen, wo es hingehen soll.

Positionsregeln: Die Rangordnung bestimmt, wer vorne und wer hinten läuft.

Sparsame, bewusste Bewegungen und eine sichere Steuerung der eigenen Energie zeigen dem Pferd, dass Sie wissen, was Sie tun und dass es bei Ihnen sicher ist und sich auf Ihre Anweisungen verlassen kann. Reagiert das Pferd einmal nicht in gewünschter Art, müssen Sie jedoch reaktionsschnell (und trotzdem kontrolliert) sein. Fahrige, unkonzentrierte, hektische Aktionen zeigen dem Pferd, dass Sie unsicher sind und nicht so genau wissen, wo Sie eigentlich hinwollen. Das führt schnell zu Vertrauensverlust beim Pferd und es wird »sein eigenes Ding« machen, weil es den Führungsqualitäten des Menschen misstraut.

Um zu wissen, wie die eigene Körpersprache auf das Pferd wirkt, ist es sinnvoll, sich einmal filmen zu lassen. Schaut man die Aufnahmen an und beobachtet sich selbst von »außen« sieht man sehr viel deutlicher, wenn etwas nicht stimmt. Viele Übungen zur Entwicklung einer klaren Körpersprache finden Sie im Übungsteil.

Rangordnung und Sozialverhalten verstehen und für die Zusammenarbeit mit dem Pferd nutzen

Jedes geordnete Zusammenleben einer Gruppe von Individuen gründet sich auf bestimmte Regeln. Eine der wichtigsten Regelungen ist die der Position, die der einzelne innerhalb der Gruppe beanspruchen kann – wem er selbst aus dem Wege gehen oder gehorchen muss und wen er »herumkommandieren« kann (von wem er Gehorsam fordern kann).
Drückt der Mensch seine Position innerhalb der Gemeinschaft durch Statussymbole wie den Mercedes als Geschäftswagen, die Rolex am Handgelenk oder die teuren Designer-Möbel aus, so sind viele dieser Symbole nur in der »westlichen Konsumwelt« allgemein verständlich und

werden in einem anderen Umfeld, z.B. in einem Indio-Dorf am Amazonas, nicht (an)erkannt.

Fehlende Autorität oder Charakterschwäche kann bisweilen in menschlicher Gesellschaft lange durch Äußerlichkeiten überspielt werden, bevor sie entlarvt wird.
Pferde hingegen entdecken die Schwäche eines Artgenossen, aber auch die Schwächen an ihrem menschlichen Partner sehr schnell, weil sie sich nicht durch Statussymbole blenden lassen. Ihr System der »Einordnung« wird von jedem Pferd verstanden (sofern es nicht deutliche Verhaltensstörungen zeigt) und kann auch vom Menschen prinzipiell verstanden und ausgenutzt werden. Es basiert auf den einfachen Grundfragen: Wer bewegt wen? und Wer muss wem ausweichen?
Das ranghöchste Pferd (das Leitpferd) kann grundsätzlich jedes andere Pferd von seinem Platz vertreiben – ob beim Fressen, an der Tränke oder einfach aus einer Laune heraus. Punkt.

Positions-Regeln

Daneben gibt es noch einige Positions-Regeln, wenn sich die Herde in Bewegung setzt. Es geht vereinfacht darum, wer vorne, hinten oder in der Mitte läuft.

1. Ein rangniederes Pferd darf ein ranghohes nicht überholen.
Das ranghohe Pferd wird seine Position mit einem drohend nach hinten gerichteten Zähneblecken und Ohrenanlegen oder einem gezielten Huftritt verteidigen, wenn es das für nötig hält.
Ein rangniederes Tier kann sowohl direkt hinter dem ranghohen laufen als auch schräg versetzt mit seinem Kopf in Höhe der Schulter des Vorderpferdes. Weiter darf es sich jedoch nicht mehr vorwagen.

2. Das rangniedere Pferd läuft einem ranghohen normalerweise auch bei Gefahr hinterher, weil das ranghöhere Pferd gleichzeitig eine Schutzfunktion ausübt.
Dieses Verhalten führt dazu, dass die Mitglieder der Herde bei einer Bedrohung nicht in alle Windrichtungen auseinanderstieben, sondern auch auf der Flucht den Schutz, den die Gruppe bietet, wahrnehmen können. Besonders das Fohlen läuft bedingungslos hinter der schützenden Mutter her.
Die ranghohen Pferde geben also die Richtung der Flucht bzw. der Bewegung an. Diese Richtung wird von den anderen nicht in Frage gestellt.

3. Das ranghöchste Tier, der Leithengst oder die Leitstute, kann jedes andere Tier der Gemeinschaft von hinten und von der Seite treiben. In jede beliebige Richtung – auch kurzfristig von der Herde weg. Er hält damit einerseits seine Herde zusammen und diszipliniert andererseits dreiste Jungtiere.

4. Leitstute und Leithengst existieren nebeneinander in der Herde. Sie stehen normalerweise nicht in Konkurrenz zueinander, sondern haben eigene Aufgabengebiete. Setzt sich die Herde in Bewegung, so geht meistens die Leitstute voran. Der Leithengst gibt Rückendeckung. Er kann auch die Leitstute von hinten treiben, wenn er mit der Richtung nicht einverstanden ist.

Diese vier Grundmuster in der natürlichen Bewegung von Pferden können Sie zur Erleichterung Ihrer Arbeit mit dem Pferd nutzen (siehe Übungsteil). Grundsätzlich muss klar sein, dass es nicht der Mensch ist, der dem Pferd ausweicht.

Horse Walking – Was der Mensch lernen soll

- Wissen erwerben über Anatomie, Psychologie und Kommunikationsmechanismen bei Mensch und Pferd

- Respekt, Verständnis, Einfühlungsvermögen und Achtsamkeit: den Partner Pferd respektieren und seine Bedürfnisse verstehen und befriedigen.

- Führungsqualitäten: Autorität als etwas Positives begreifen. Selbstbewusstsein und Willensstärke entwickeln.

- Körpersprache, Koordination und Kommunikation verbessern: Der Mensch muss immer genau wissen, was er tut und was sein Körper ausdrückt. Er ist der Lehrer in der Partnerschaft.

- Sich selbst beobachten: Was tue ich, wie fühle ich mich dabei und wie reagiert das Pferd darauf? Fragen Sie die Spannungsverhältnisse im eigenen Körper von oben nach unten ab, als ob Sie Ihren Körper scannen würden.

- Aufmerksamkeit und Konzentration: Das Pferd aufmerksam beobachten und seine Körpersprache lesen lernen. (Das Pferd tut das bei uns sowieso. Pferde sind Meister im Lesen der Körpersprache ... Sie kennen »ihren« Menschen und dessen Befindlichkeiten genau.)

- Ablenkungen vermeiden und konzentriert bei der Sache bleiben.

- Gelassenheit: Wer ruhig und souverän bleiben kann, hat bessere Kontrolle.

- Fokussieren: Die richtigen Bilder in den Kopf bekommen; an das denken, was man erreichen will und nicht an das, was man befürchtet.

- Die eigene Energie lenken und die Gedanken/das Bild im Kopf kontrollieren.

- Konzepte, Ideen und Ziele, Orientierung im Raum, folgerichtiges Handeln:
  Der Mensch ist für alles verantwortlich, was die beiden Partner gemeinsam unternehmen: Ziele, Ausbildungsschritte, Lerntempo, Bewegungsrichtung, Tempo, Gleichgewicht, Sicherheit ...

Die Lerninhalte für das Pferd

Alles, was das Pferd in seiner natürlichen Umgebung lernen muss, wird ihm von der Mutter und in der Herde beigebracht. Eine vernünftige Sozialisation kann nur in der Herdengemeinschaft erfolgen. Deswegen ist es auch unerlässlich, dass Jungpferde in der Herde aufwachsen. Nur dort lernen sie, ihren Platz in der Gemeinschaft zu finden.

Kommen sie dann in menschliche Obhut, so müssen sie sich neu orientieren. Sie müssen lernen, dass der Mensch bestimmte Verhaltensweisen nicht mag, die in der Herde durchaus in Ordnung waren: z.B. das »Beknabbern«, die gegenseitige Fellpflege. Unter Pferden, die sich mögen, eine Geste der Zuneigung, für den Menschen jedoch nicht zuträglich. Oder z.B. die

Aufforderung zum Spiel durch Zwicken oder Ansteigen.

Das Pferd muss also lernen, dass manches im Umgang mit dem Menschen nicht erlaubt ist. Dazu ist es erforderlich, dass der Mensch klare Aussagen macht, was er duldet und was nicht. Wie schon erwähnt, muss er ein »Nein« dem Pferd gegenüber nicht begründen. Es reicht, wenn er deutlich macht, was er nicht will. Nie darf er es z. B. zulassen, dass das Pferd in seinen Taschen nach einem Leckerli wühlt. Auch wenn er mit Leckerli belohnt, muss klar sein, dass das Pferd die Belohnung nicht einfordern darf. Man kann Pferde so konditionieren, dass Sie nur dann einen Leckerbissen bekommen, wenn sie »höflich« den Kopf etwas vom Menschen abwenden,

In der menschlichen Gesellschaft muss das Pferd zudem eine neue Bezugsperson finden, auf die es sich bedingungslos verlassen kann. Wie schon oben beschrieben, muss der Mensch als Bezugsperson diese Rolle auch ausfüllen (er darf nicht »aus der Rolle fallen«). Andernfalls bleibt das Pferd ein »unsicherer Kandidat«. Insbesondere ängstliche Pferde mit wenig Selbstbewusstsein brauchen einen souveränen Menschen, der sich auch von kleinen »Ausrastern« nicht beeindrucken lässt.

Die im Übungsteil beschriebenen Übungen helfen hier beim Vertrauensaufbau, wenn sie kleinschrittig und konsequent ausgeführt werden.

Horse Walking – Was das Pferd im Umgang mit dem Menschen lernen soll

- Aufmerksamkeit auf den Menschen richten, den Menschen als Beschützer und als »weisungsbefugt« anerkennen.
- Vertrauen in die Aktionen des Menschen bekommen: Der Mensch fordert nichts, was es nicht leisten kann oder was gefährlich sein könnte.
- Grenzen akzeptieren. Distanz halten, wenn der Mensch das fordert: Das Pferd darf nicht in den persönlichen Bereich des Menschen eindringen. Anrempeln, Umrennen, und sonstige Respektlosigkeiten sind absolut verboten.

Wie man sehen kann, ist dieser Aufgaben-Katalog deutlich kürzer als der des Menschen. Sind diese 3 Hauptpunkte jedoch geklärt, so ergibt sich alles andere aus folgerichtiger und durchdachter Arbeit.

Gezieltes Ausweichen rückwärts um die Ecke und seitwärts mit der Stange zwischen Hinter- und Vorderbeinen. Solche Koordinationsübungen sind nur »unfallfrei« möglich, wenn das Pferdes aufmerksam auf die Körpersprache des Menschen achtet.

KAPITEL 4

Allgemeines zu Körpersprache und Kommunikation

Die folgenden allgemeinen Überlegungen zum Thema Körpersprache und Kommunikation gelten in gleicher Form übrigens auch für die zwischenmenschliche Kommunikation.

Was Sie zeigen, ist wichtiger als was Sie sagen

Menschen sagen oft etwas anderes, als sie mit ihrem Körper (in Mimik, Gestik und Haltung) ausdrücken. Beim Gegenüber kommen auf diese Weise widersprüchliche Signale an. Fest steht, dass bei diesen Doppelbotschaften die nonverbalen Signale die verbalen schlagen. Wenn Sie also von einem »100%ig Erfolg versprechenden Projekt« sprechen, Ihr Körper aber Zweifel und Unbehagen signalisiert, wird Ihr Gegenüber Ihrer Körpersprache glauben, nicht Ihren Worten.

Ist Ihr Gegenüber ein Pferd, so sind Ihre Worte bedeutungslos, wenn Sie nicht mit Ihrer Körpersprache übereinstimmen. Das Pferd kann zwar die Bedeutung von Worten lernen, es wird jedoch viel eher auf die Stimmlage reagieren, die deutlicher den emotionalen Zustand des Menschen transportiert. Wer mit schrill überschnappender Stimme ein verbales Kommando gibt, verrät z.B. seine Angst.

Deswegen funktionieren bisweilen Übungen mit dem Pferd bei einem Menschen problemlos und beim anderen gar nicht. Jeder Zweifel, ob etwas funktionieren wird, drückt sich in Körperspannung und Haltung aus – und das Pferd reagiert zögerlich, »falsch« (d.h. unerwünscht) oder gar nicht, weil die Ansage nicht klar genug ist.

Ein Beispiel aus dem Reitunterricht: Eine Schülerin von mir hat eine extrem sensible junge Kaltblutstute, die jede kleinste Verspannung und negative Emotion beim Reiter wahrnimmt – eine richtige »Prinzessin auf der Erbse«. Wir teilen oft die Reitstundenzeit auf, so dass ich sie die erste Hälfte reite und sie die zweite.

In unserem Beispiel war die Stute bei mir entspannt und dehnte sich an die Hand heran (was durchaus auch nicht immer der Fall war). Nach dem Umstieg ließ ich die Schülerin noch ein wenig Schritt reiten und sie erzählte mir von einem Problem mit ihrer Tochter; während dieser Erzählung fing das Pferd soviel von den durch die Erzählung ausgelösten negativen Emotionen auf, dass sie begann, herumzuzappeln und sich zusammenzuziehen. Das besserte sich nicht so richtig in der nächsten Viertelstunde und so versuchte ich zum Schluss noch mal mein Glück, um das Pferd mit einem angenehmen Abschluss wegzustellen. Nach 3 Minuten war sie wieder ruhig und wir konnten die Arbeitseinheit positiv abschließen.

Selbstbewusst und authentisch sein – seinen eigenen Weg finden

Prahlhänse und Aufschneider werden von anderen Menschen meist schnell entlarvt, auch wenn sich mancher Gutgläubige eine Weile von Statussymbolen und einem dicken Bankkonto beeindrucken lässt. Pferde reagieren jedoch viel feiner auf die körpersprachlichen Signale des »wirklichen« Menschen hinter der Fassade und lassen sich nicht täuschen. »Echte Persönlichkeit« zählt. Mit allen positiven und negativen Aspekten. Es geht nicht um den »Überflieger«, der alles können muss, sondern um einen Menschen, der genau weiß, was er sich selbst (und seinem Pferd) zutrauen und zumuten kann. Wer sich z.B. mit der Galopparbeit am Boden überfordert fühlt, der arbeitet im Schritt und Trab bis die Kontrolle sicher funktioniert und tastet sich langsam an den Galopp heran.

Das Pferd spiegelt die Stimmung des Reiters.

Wichtig ist, das Pferd als eigenständiges Wesen mit Stärken und Schwächen zu respektieren und sich selbst desgleichen. Und dann im Rahmen der eigenen Möglichkeiten zu arbeiten.
Jedes Pferd-Mensch-Paar kommuniziert anders. Es ist nicht möglich die Ausbildungs-Methode eines anderen bis ins Letzte zu übernehmen, weil sie nicht der eigenen Persönlichkeit entspricht. Man kann sich zwar vom bewunderten »Guru« eine Menge abschauen, ihn aber nicht kopieren.

Machen Sie sich auch bewusst, warum Sie mit Pferden zusammen sein wollen. Objektiv betrachtet, betreibt man einen immensen Aufwand hinsichtlich Zeit und Kosten, der für viele, nicht mit dem »Pferdevirus« infizierte Außenstehende kaum zu rechtfertigen ist. Jeder andere Sport erfordert weniger Aufwand und Vorplanung. Das Fahrrad kann im Winter im Keller eingemottet, der Tennisschläger in die Ecke gestellt werden. Das Pferd aber möchte auch bei Sauwetter Bewegung und einen ausgemisteten Stall haben. Das muss man wirklich wollen ...

Wenn man sich jedoch darauf einlässt, dann ist der Umgang mit Pferden ein wunderbarer Ausgleich zum bewegungsarmen und naturfernen Büroalltag. Pferde zwingen uns, auch bei Eiseskälte und Regen das warme Wohnzimmer zu verlassen. Pferde sind zudem gute »Persönlichkeitstrainer« und halten uns ständig den Spiegel mit den eigenen Unzulänglichkeiten vor, geben

aber auch ehrliches Feedback dessen, was wir schon können und wie gut unsere Kommunikationsfähigkeit auf mentaler und körperlicher Ebene ausgebildet ist.
Wer aus den »falschen« Beweggründen mit Pferden arbeiten will, wird sie vielleicht mit Zwangsmitteln beherrschen können, hat jedoch bei der Arbeit am Boden wenig Chancen, ein freudig mitarbeitendes Pferd zu bekommen. Und Freiwilligkeit und Leichtigkeit machen schließlich den Charme des Horse Walking aus.

Erfolg durch Visionen und ein stimmiges Selbstbild – Weiterentwicklung der eigenen Methoden

Alles fließt.
Niemand kann zweimal in den gleichen Fluss springen.

Diese Statements beschreiben recht gut das Leben an sich – und insbesondere die Arbeit mit Pferden. Wer den Stand der Dinge zum Zeitpunkt X als festgeschrieben betrachtet, für den bleibt das Leben stehen. In Reiterkreisen war und ist es leider verbreitet zu sagen: »Das habe ich aber vor 20 Jahren so gelernt. Das muss richtig sein!« Würden alle so denken, gäbe es keinen Fortschritt. Auch wenn viele »neue« Methoden nicht unbedingt neu sind und auch nicht immer zum Erfolg führen oder für einen selbst nicht passen – wichtig ist, über den eigenen Tellerrand zu schauen und zuzulassen, dass es auch andere »richtige« Vorgehensweisen gibt. Viele Wege führen nach Rom. Und nicht jeder Weg ist für jeden gangbar.
Lassen Sie sich inspirieren von den »Pferdeflüsterern«, den begnadeten »Horsemen« (bzw. Horsewomen), bei denen das Pferd auf ein nahezu unsichtbares Signal reagiert. Erwarten Sie aber nicht, dass Sie es in gleicher Weise nachmachen können. Sie sind jemand anderes, als der, den Sie beobachtet haben. Und Sie müssen einen anderen Weg für sich und Ihr Pferd finden. Dieser kann ähnlich sein, da Pferde als Spezies ähnlich reagieren. Er kann sich jedoch auch deutlich unterscheiden, weil Sie gerade ein besonders kompliziertes oder mit Altlasten versehenes Exemplar haben oder weil Sie selbst ein körperliches Handicap haben und bestimmte Dinge einfach nicht können. Menschen, die aus dem Rollstuhl heraus mit Pferden arbeiten zeigen, was möglich ist ...

Wenn Sie genau hinschauen, ist Pferdeflüstern kein Hexenwerk, sondern eine präzise Beherrschung des eigenen Körpers und besonders auch der eigenen Gedanken. Häufig ist zu sehen, dass Konzentrationsmangel, Angst vor der eigenen Courage oder Unsicherheit den Menschen den Geist »vernebeln« und dadurch deren körpersprachliche Aussagen unklar bzw. unverständlich für das Pferd werden. So mancher agiert nach dem Motto: »Wasch' mich, aber mach' mich nicht nass.«

Beispiele: Wer das Pferd an der Longe in den Galopp bringen will, darf keine Angst davor haben, bei höherer Geschwindigkeit die Kontrolle zu verlieren.
Wenn das Pferd über einen Graben springen soll, darf man sich nicht vor einem großen Satz fürchten.

Je klarer das Ziel, desto prompter die erwünschte Reaktion des Pferdes, so dass im Idealfall eine Drehung des Kopfes reicht, um das ganze Pferd zu steuern.

Vertrauensbeweis: Legt sich das Pferd auf Kommando hin oder bleibt liegen, wenn sich der Mensch nähert, ist das ein Zeichen dafür, dass es sich in seiner Gesellschaft sicher fühlt. Klare Körpersprache und deutliche Aufgabenstellungen seitens des Menschen sind dafür gefragt.

Pferde sind extrem feine Beobachter und unsere eigene Intention (unsere Vision) drückt sich immer in unserer Haltung und Mimik aus. Aus diesem Grund muss unser inneres Bild (die Vision) von der erwünschten Aktion des Pferdes – besser noch von der gemeinsamen Aktion von Mensch und Pferd – stark und präzise sein.

Doch auch unser Selbstbild muss stimmen. Viele Menschen wissen nicht, wie sie »rüberkommen«, das heißt auf ihre Mitmenschen wirken. Und sie wissen oft auch nicht, was ihr Körper tut. Das ist im Umgang mit Pferden fatal, weil Pferde überwiegend auf die Körpersprache reagieren.
Stellen Sie sich vor, was Sie erreichen möchten und hinterlegen es mit Gefühlen, Geräuschen und farbigen Bildern – evtl. auch noch mit Gerüchen. Beziehen Sie immer den gesamten Raum in Ihre Vorstellung mit ein und entwickeln eine Art Film von der Bewegung »Mensch plus Pferd« im Raum. Stellen Sie sich eine Übung am besten immer bei strahlendem Sonnenschein vor. Das hebt die Stimmung.

Auf diese Weise können Sie am Boden (und auch im Sattel) die Bewegungsrichtung und jeden einzelnen Körperteil des Pferdes gezielt steuern. In einem Trailhindernis können Sie z.B. ganz gezielt ein bestimmtes Bein einen einzigen Schritt zur Seite treten lassen und dann das Pferd wieder anhalten. Das wird im Übungsteil beschrieben.

Beharrlichkeit

Bei der Arbeit mit Pferden ist bisweilen eine gewisse lächelnde Sturheit nötig, manchmal aber auch ein massives Einfordern von Aufmerksamkeit, wenn man den Eindruck hat, dass das Pferd den Menschen und seine Anweisungen nicht ernst nimmt.

Manche Pferde geben Ihnen das Gefühl, dass alles andere wichtiger ist, als das, was Sie von ihm wollen. In diesen Fällen sorgen Sie dafür, dass das Pferd seine Aufmerksamkeit Ihnen zuwendet. Haben Sie diese, dann können Sie das Pferd auch steuern. Haben Sie sie nicht, dann sind Sie Luft für das Pferd und es kümmert sich um seine eigenen Angelegenheiten. Lassen Sie sich nicht ignorieren! Stellen Sie sich vor, Sie würden von einem anderen Menschen in Ihrem näheren Umfeld wie Luft behandelt; das würden Sie sich auch nicht gefallen lassen.

Andere Pferde verstecken sich hinter hysterischem Gezappel und haben damit bei vielen Menschen Erfolg: »Das arme Pferd regt sich auf und hat Angst«, heißt es dann und man bricht die Übung ab. Das Pferd lernt sehr schnell: Wenn ich herumzappele, lässt man mich in Ruhe; damit kann ich mich unangenehmen Aufgaben entziehen. Lässt man sich als Mensch darauf ein, hat man verloren.

Egal, was ein Pferd tut – lassen Sie sich nicht aus dem Konzept bringen und verbuchen Sie zumindest einen Teilerfolg für sich. Auch wenn es drei Stunden dauern sollte: Halten Sie durch, bis das Pferd etwas gut (das heißt erwünscht von Ihnen) macht und Sie es dafür belohnen können. Dann erst ist Zeit, aufzuhören. Wenn das Pferd nach 15 Minuten schon alles richtig macht, hören Sie nach 15 Minuten auf. Der Spruch »Aufhören,

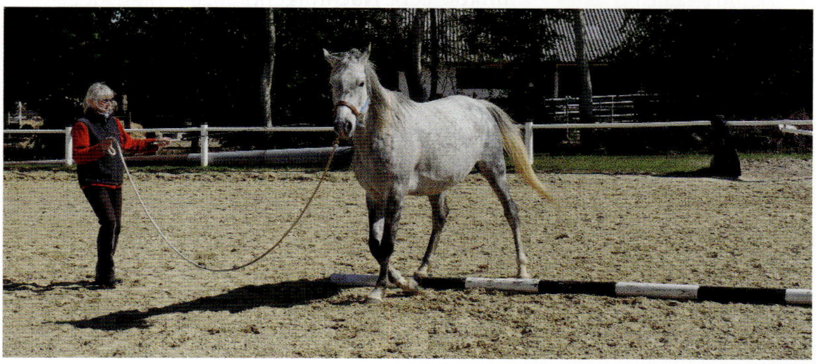

Ein aufmerksames Pferd kann man präzise auf Distanz steuern: In dieser Übung hält der Araber aus dem Trab mit der Stange zwischen Vorder- und Hinterbeinen an und kommt dann auf Kommando seitwärts nach innen.

wenn es am schönsten ist«, gilt uneingeschränkt beim Erreichen von nachhaltigen Lerneffekten. Achten Sie jedoch darauf, nichts vom Pferd zu verlangen, was es einfach noch nicht ausführen kann. Es ist z.B. kein Problem, einem jungen Pferd ein paar Tritte rückwärts abzuverlangen. Jedoch ist es nicht möglich, eine Piaffe mit Hankenbeugung zu fordern, die eine Kraft in der Hinterhand erfordert, die das junge Pferd nicht haben kann.

Veränderungen

Und noch etwas zur schon erwähnten Persönlichkeitsentwicklung, bei der die Pferde eine bedeutende Rolle spielen können.

Aus der langjährigen Erfahrung mit unterschiedlichsten Pferden kann ich feststellen, dass ich immer dann am meisten für mich gelernt habe, wenn sich ein Pferd den mir bis dahin bekannten Methoden dauerhaft widersetzt hat. Diese Pferde zwangen mich zu Veränderungen – dazu, mein eigenes Verhalten infrage zu stellen und etwas anderes auszuprobieren.

Solange alles funktioniert, gibt es keinen Anlass, etwas anders zu machen – auch wenn es manchmal nur schlecht und recht funktioniert. Wenn der Leidensdruck nicht groß genug ist, dann ist es den meisten zu aufwändig, eigene Gewohnheiten umzustellen. Das habe ich häufig bei Schülern erlebt, die eigentlich ganz gut zurechtkamen, aber etwas mehr Leichtheit in ihre Reiterei bringen wollten. Wenn ich ihnen dann sagte, was sie in ihrem eigenen Verhalten verändern sollten und auch zeigte, dass das Pferd auf veränderte Konzepte und Hilfengebung deutlich besser reagierte, erschien Ihnen das Abweichen vom Gewohnten so schwierig und zeitaufwändig, dass sie lieber weitermachten wie vorher.

Es wird häufig am Pferd »herumgeschraubt«, um dieses zu verändern. Doch es liegt in den allermeisten Fällen am Menschen, wenn etwas nicht funktioniert. Nachfolgend dazu einige Ideen, die durchaus auch zwischenmenschliche Beziehungen verbessern können.

Positive Veränderungen können nur in Gang gesetzt werden, wenn man seine »Komfortzone« verlässt. Das Pferd wird mit immer neuen Situationen konfrontiert und muss seine Angst überwinden.

Horse Walking – 10 Ideen für ein effektives »Veränderungsmanagement«

1. Jeder Einzelne kann etwas bewirken
Alle großen Veränderungen in der Geschichte lassen sich zurückführen auf das Engagement einzelner Menschen. Sie haben Fehler gemacht und es niemals allein geschafft, aber sie waren die entscheidenden Impulsgeber.

2. Die Energie ist da
Fast alles ist schon vorhanden, man muss es nicht erschaffen, sondern nur (neu) entdecken Das ist es, was der Einzelne in seiner Persönlichkeitsentwicklung kann: das bisher Ungesehene sehen, das bisher Ungeträumte träumen.

3. Alles zählt
Alles, was Sie tun zählt. Nichts ist vergebens. Die Welt ist groß und voller Möglichkeiten, aber gesteuert wird sie von kleinen Dingen. Alles hat einen Sinn, auch wenn dieser sich erst Jahre später offenbart.

4. Wer schreit hat – meistens – unrecht
Um Veränderungen durchzusetzen, müssen Sie nicht laut werden oder sich aufblasen und wichtig machen. Auch auf Begabung kommt es nicht an. Was zählt, ist ein klares Ziel (eine Vision), Wille und Beharrlichkeit. Leben Sie einfach vor, was Sie für richtig halten. Geben Sie ein gutes Beispiel. Das beeindruckt andere langfristig und findet Nachahmer.

5. Übernehmen Sie Verantwortung – Haben Sie Mut, etwas anders zu machen
Sagen Sie nicht: »Das ist nicht meine Aufgabe. Da sollen sich andere drum kümmern.« Denken Sie auch nicht: »Was kann ich als Einzelperson schon ausrichten.« Um Veränderungen anzustoßen, brauchen Sie weder die Mithilfe noch die Erlaubnis von anderen, sondern nur etwas Selbstbewusstsein, um etwas anders zu machen, als alle anderen.
Als vor bald 30 Jahren die Bodenarbeit in Deutschland publik wurde, haben nur wenige ihr Potenzial erkannt und viele sie belächelt. Heute ist sie aus der Pferdearbeit nicht mehr wegzudenken und auch konservative Ausbilder wenden sie teilweise an.

6. Das große Ziel im Auge behalten – Details erledigen sich von allein

Wenn Sie sich absolut sicher sind, was Sie ändern wollen, kommt das »Wie« von allein. Viele entscheidende Reformen scheiterten, weil man sich in den Details verhedderte und das große Ziel aus den Augen verlor.

7. Beginnen Sie jetzt

Veränderung ist anfangs immer unbequem. Der ideale Moment zum Start kommt nie. Schieben Sie also nichts auf, sondern beginnen Sie jetzt. Tun Sie, was Sie jetzt in diesem Augenblick mit den Ihnen zur Verfügung stehenden Mitteln tun können.

8. Beobachten Sie aufmerksam – Erwerben Sie Wissen

Jede Veränderung entspringt der achtsamen Analyse des Bestehenden. Sie können nicht ändern, was Sie nicht kennen. Erst wenn Sie klar sehen, was gut läuft und was schlecht, bekommen Sie den Blick für das, was sein könnte. Deswegen sollten Sie auch die »gängigen« Reit-Lehren und Ausbildungsrichtlinien zumindest kennen und verstehen, bevor Sie sagen: Das ist nichts für mich. Wenn Sie sich damit beschäftigen, werden Sie feststellen, dass viele überlieferte – klassische – Richtlinien durchaus positiv im Sinne des Pferdes sind, wenn sie denn korrekt umgesetzt werden. Dass das oft nicht der Fall ist, steht auf einem anderen Blatt.

9. Fantasie und Vorstellungskraft sind notwendig

Je kräftiger, bunter und lebendiger Ihre Vorstellung (Ihre Vision) von dem ist, was sein könnte, desto überzeugender und intensiver werden Sie die notwendigen Veränderungen anstoßen.

10. Sich selbst verändern, statt andere verändern zu wollen

Um etwas zu verändern, müssen Sie zuallererst sich selbst ändern. Niemand kann ein Pferd (oder einen anderen Menschen) wirklich verändern. Der einzige Weg ist der, selbst Vorbild zu sein und mit der Veränderung bei sich selbst zu beginnen. Wenn Sie sich ändern, ändert sich alles! Diese Tatsache beschreibt auch der »Energiekreis«, den ich eingangs beschrieben habe und immer wieder zitiere.

KAPITEL 5

Die körperliche Fitness von Mensch und Pferd

Wissen, wann es genug ist ...

Wie bei jedem anderen Sport kommt es auch beim Horse Walking darauf an, dass Pferd und Mensch körperlich fit sind. Fürs einfache Spazierengehen ist das noch nicht unbedingt relevant, aber wenn es ans Joggen mit dem Pferd geht oder an fortgeschrittene Longenarbeit mit vielen Trab- und Galoppreprisen, dann ist es wichtig, dass man weiß, wann es genug ist.

Dass auch eine präzise Körpersprache nur möglich ist, wenn man sowohl eine grundsätzliche Beweglichkeit besitzt als auch fit genug ist, um sich notfalls schnell zu bewegen, sollte nach der Lektüre des Buches jedem klar sein.

Um den eigenen und den Gesundheits- und Fitness-Zustand des Pferdes beurteilen zu können, sollte man sich mit den PAT-Werten (Puls, Atmung, Temperatur) auskennen. Der Mensch ist natürlich für beide Partner verantwortlich.

Normalwerte beim erwachsenen Pferd:
30–40 **Pulsschläge** pro Minute (zu messen an der Kopfarterie an der Unterseite des Unterkiefers mit der Spitze von Zeige- und Mittelfinger)
10–15 **Atemzüge** pro Minute (sichtbar an den Nüstern oder der Flanke)
37,5 bis 38,2 Grad Celsius **Körpertemperatur** (wird mit einem Thermometer im After gemessen; Thermometer dabei am besten mit einem Stück Schnur sichern).

Abweichungen bei Puls und Atmung ergeben sich recht schnell; es reicht bisweilen schon, wenn das Pferd in fremder Umgebung erhöhte Aufmerksamkeit zeigt.
Ausdauerbelastung oder auch kurzfristige Belastungsspitzen können 4 bis 6 mal so hohe Werte zur Folge haben. Bei schwerer Arbeit kann es auch zu einem Umkehrwert kommen, bei dem die Atemfrequenz höher ist als der Puls. Solche Werte sollten nach 10 Minuten Ruhe jedoch wieder im Normalbereich sein.

Prinzipiell sollten beim Horse Walking keine Probleme mit der Belastung des Pferdes auftreten, da der Mensch ja der gleichen Belastung ausgesetzt ist und an sich selbst gut testen kann, wie anstrengend die ganze Geschichte ist.
Allerdings kann bei der Longenarbeit oder im RounPen das Pferd durchaus überfordert werden. (Manche Pferde überfordern sich bisweilen auch selbst, indem sie sich derart austoben, dass sie hinterher hechelnd atmen – mit fortschreitender Ausbildung in Sachen Horse Walking sollte das jedoch besser werden.)

Wichtig ist, dass Sie prinzipiell einschätzen können, ob Ihr Pferd gesundheitlich in Ordnung ist. Ein gesundes Pferd ist an seiner Umgebung interessiert, macht einen wachen und aufmerksamen Eindruck, hat glänzendes Fell, klare Augen und trockene blassrosa Nüstern. Die Beine sind kühl und ohne Verdickungen. Der Urin ist hellgelb und trüb, die Kotballen sind mittelbraun und klar geformt, aber nicht zu hart. Das Pferd zeigt guten Appetit.

Mattigkeit oder Teilnahmslosigkeit, glanzlose Augen, mangelnder Appetit, dunkel gefärbter Urin, länger anhaltender Durchfall, ständiges Stolpern und erhöhte Temperatur oder gar Fieber sind Alarmzeichen, die nicht ignoriert werden dürfen. Gerade höheres Fieber ist immer ein Warnzeichen, welches am besten vom Tierarzt geklärt wird. Kurzfristig auftretender Durchfall ist im Allgemeinen ein Zeichen von Aufregung und meist nicht schlimm.

So sieht ein rundum gesundes Pferd aus: wacher Blick, glänzendes Fell und gute Bemuskelung.

Pferde, die nach Krankheit oder Verletzung wieder langsam auftrainiert werden sollen, arbeitet man am besten nach dem Motto »LSD« – Long Slow Distance: Lange Strecken in langsamem Tempo – Horse Walking par excellence. Beginnen Sie mit 20 Minuten Schritt-Führen und steigern Sie jeden Tag um 5 bis 10 Minuten.

Und natürlich geht es um Ihre eigene Gesundheit. Auch hier ist prinzipiell LSD angesagt.

Die moderate Belastung beim normalen Horse Walking ist ideal geeignet, sich ohne viel Zusatzaufwand eine akzeptable Grundkondition zu erarbeiten (oder zu erhalten). Die meisten Menschen mittleren Alters, die viel im Büro sitzen, sollten jede Möglichkeit, sich draußen zu bewegen, wahrnehmen. Es ist erwiesen, dass viel Bewegung an frischer Luft das psychische und körperliche Wohlbefinden verbessert, die Leistungsfähigkeit des Herz-Kreislauf-Systems erhält und die Abwehrkräfte stärkt. Auch das Denk- und Erinnerungsvermögen wird positiv beeinflusst, weil der ganze Organismus samt dem Gehirn besser durchblutet werden.

Haben Sie lange nichts getan oder leiden an chronischen Krankheiten, lassen Sie sich vor Beginn eines Bewegungstrainings einmal vom Arzt durchchecken.

Grundsätzlich ist es jedoch so, dass Bewegungsmangel viel eher schädlich für den menschlichen Organismus ist als zu viel Bewegung. Die Liste unserer Zivilisationsleiden, verursacht durch zuwenig Bewegung und Überernährung, ist lang: Muskelschwäche, Erschöpfung und Müdigkeit, Stoffwechselprobleme, hoher Blutdruck, Übergewicht, Schlaf- und Atemstörungen, Haltungs- und Rückenprobleme und vieles andere lassen sich darauf zurückführen.

Das Tempo beim Walking

Unter einem Walking-Tempo versteht man ein Tempo, was irgendwo zwischen schnellem Spazierengehen und langsamem Jogging angesiedelt ist.

Ein bisschen warm werden darf es uns dabei schon und ein bisschen schneller Atmen ist auch nicht verkehrt. Sind Sie weitgehend untrainiert, können Sie eine Pulsfrequenzmessung (Pulsschläge pro Minute) als Konditionskontrolle durchführen.

Normalwerte beim erwachsenen Menschen

Der **Ruhepuls** liegt bei einer erwachsenen Frau bei etwa 60–75 Schläge pro Minuten, beim Mann etwas höher (65–80 Schläge).

Bei gut trainierten Sportlern liegt er oft niedriger. Bei älteren Leuten kann er noch etwas höher sein. Als Faustregel für einen guten Trainingspuls bei moderater Belastung gilt: 180 minus Lebensalter.

Atemfrequenz/Ruheatmung beim erwachsenen Menschen: 14–20 Atemzüge pro Minute.

Bei Kleinkindern sind es deutlich mehr: 25–30.

Die normale **Körpertemperatur** liegt bei etwa 36,5 Grad. Schwankungen bis 0,4 Grad sind durchaus noch normal. Erhöhte Temperatur beginnt bei 37,5 Grad, ab 38 Grad beginnt das Fieber, ab 39 Grad sollte ein Arzt konsultiert werden. Doch auch sportliche Höchstbelastungen können die Temperatur auf 38 Grad ansteigen lassen.

Wer gelernt hat, auf die Signale seines Körpers zu hören, weiß recht schnell, wann etwas gefährlich werden kann.

Beweglichkeit und Gymnastik für Horse Walker

Ungehinderte Beweglichkeit, Dehnung und Lockerung der Muskulatur und das Erreichen positiver Körperspannung (wie in den Übungen ohne Pferd im Übungsteil beschrieben) sind für einen präzisen körpersprachlichen Ausdruck und für schnelle Reaktionen von großer Bedeutung. Wir sollten uns immer darüber im Klaren sein, dass das Pferd oft unsere eigene Befindlichkeit spiegelt. Was wir vom Pferd hinsichtlich Gymnastik und Kondition verlangen, sollten wir für uns selbst auch ins Auge fassen.

Horse Walking PAT

- **PAT-Werte erwachsenes Pferd**
  30–40 Pulsschläge pro Minute
  10–15 Atemzüge pro Minute
  37,5 bis 38,2°C Körpertemperatur

- **PAT-Werte erwachsener Mensch**
  60–80 Pulsschläge pro Minute
  14–20 Atemzüge pro Minute
  36,5 bis 37°C Körpertemperatur

KAPITEL 6

Draußen mit dem Pferd unterwegs

Verhaltensregeln für Feld und Wald

Prinzipiell gelten für den Horse Walker ähnliche Verhaltensregeln bei der Bewegung in der Natur und der Benutzung von Wegen und Straßen wie für den Reiter.

Verbote und Gebote

Wege, die für Reiter verboten sind, sollten auch für den Horse Walker tabu sein.
Noch nicht abgeerntete Felder und Wiesen dürfen nicht betreten werden. Querfeldein ist allenfalls auf herbstlichen Stoppelfeldern oder Wiesen nach der Heuernte möglich.
Schonen Sie explizit ausgewiesene Fuß- oder Radwege. Wenn spezielle Reitwege gekennzeichnet sind, besteht Benutzungspflicht auch mit dem Pferd an der Hand.

Die Straßenverkehrsordnung und die jeweiligen Landesforst- und Naturschutzgesetze (in den einzelnen Bundesländern unterschiedlich) sind zu beachten.
In manchen Gegenden gibt es eine Kennzeichnungspflicht von Pferden (mit Nummern).

Fresspause unterwegs.

Beleuchtung

Insbesondere bei Dunkelheit müssen Mensch und Pferd für andere Verkehrsteilnehmer gut zu sehen sein. Reflektierende Gamaschen und Beleuchtung sind Pflicht. Der Multifunktionskappzaum besitzt aus diesem Grund reflektierende Streifen. Zusätzlich kann eine Stirnlampe hilfreich sein.

Sicheres Anbinden bei Pausen

Mit dem Multifunktionskappzaum können Sie das Pferd auch sicher anbinden. Wichtig ist immer, hoch und kurz genug anzubinden, dass das Pferd nicht in den Anbindestrick treten kann. Denken Sie an eine schnell lösbaren Knoten, falls doch einmal etwas Unvorhergesehenes passiert und das Pferd sich in den Strick hängt.
Achten Sie darauf, dass sich im Umkreis des angebundenen Pferdes keine scharfkantigen Gegenstände befinden, an denen es sich verletzen könnte. Und binden Sie nie ein Pferd an beweglichen bzw. zu öffnenden Teilen an, wie Türen, Fensterläden o.ä. Sie wollen schließlich nicht, dass das Pferd mitsamt einer ausgehängten Tür im Schlepptau das Weite sucht ...
Will man das Pferd bei längeren Touren in der Pause grasen lassen, kann man das entweder an der Hand tun, oder man zäunt mit einem Stück breiter E-Zaun-Litze ein kleines Paddock ab, wenn sich die Gelegenheit bietet und lässt das Pferd dort frei. Das Pferd sollte allerdings den E-Zaun auch ohne strom akzeptieren.

Fressen unterwegs

Das Pferd ist ein Dauerfresser, deswegen ist es notwendig, es bei längeren Touren immer wieder einmal grasen zu lassen. Wichtig ist dabei, dass klar ist, wann gefressen werden darf und wann nicht. Es nervt extrem, wenn das Pferd, statt auf den Menschen zu achten, ständig am Wegesrand ein Blättchen abzupfen will. Zudem könnte es dabei auch mal etwas Giftiges erwischen. Normalerweise haben die Pferde zwar ein recht sicheres Gespür dafür, was ihnen zuträglich ist, es gibt aber leider auch Ausnahmen. Also bestimmen Sie, wann gefressen wird und erlauben dann dem Pferd explizit, zu fressen. Suchen Sie sich dazu einen Wiesenweg, an dessen Rändern das Pferd fressen kann (die Wiese selbst bitte, insbesondere kurz vor der Heuernte, nicht betreten) oder eine Lichtung im Wald.

Giftpflanzen

Die wichtigsten Giftpflanzen sollten Sie kennen und das Pferd davon fernhalten.

In Gärten finden Sie häufig Eibe, Liguster, Buxbaum, Thuja und Goldregen, Maiglöckchen, Azaleen, Oleander, Rhododendron, Robinie und Zierformen des Fingerhuts, die Sie erkennen sollten.

In der freien Natur und leider bisweilen auch auf Weiden sind es vor allem Herbstzeitlose, Adlerfarn, Schachtelhalm, Tollkirsche, Fingerhut, Pfaffenhütchen, Johanniskraut, Giersch, Hahnenfuß sowie das in letzter Zeit allgegenwärtige Jakobskreuzkraut, welche dem Pferd gefährlich werden können.

Im Internet finden Sie viele Informationen und Abbildungen zu den Giftpflanzen (z.B. bei http://www.giftpflanzen-fuer-pferde.de). Der FN-Verlag ein komplettes Buch zu dem Thema herausgegeben.

Die Telefonnummer des Giftnotrufs im Handy abzuspeichern, kann auch nicht schaden: In Deutschland gibt es mehrere regionale Giftnotrufzentralen, die sich auch mit Vergiftungen bei Tieren beschäftigen. Stellvertretend führe ich hier für Deutschland Mitte der Giftnotruf Mainz auf: 06131-19240.

Engstellen, Brücken, Wasser

Bei weiteren Touren lässt es sich nicht immer vermeiden, knifflige Passagen zu überwinden. Wasserdurchquerungen, Holzbrücken oder Hohlwege lassen sich oft nicht umgehen. So etwas sollten Sie trainiert haben, um solche Hindernisse möglichst sicher zu bewältigen. Im Übungsteil finden Sie dazu Trainingshinweise.

Mückenplage

Manche Pferde sind extrem zappelig, wenn sie von Stechmücken genervt sind. Da macht auch

Schön, aber hochgiftig: Der Fingerhut.

das Führen des bestens erzogenen Pferdes keinen Spaß mehr. Fliegendecken und Mückenspray können da Abhilfe schaffen. Manche Pferde sind an den Augen sehr empfindlich; diese sollten Sie mit einer Fliegenmaske ausrüsten.

Wie weit komme ich?

Im »Wanderschritt« können Sie in flachem Gelände etwa 5 bis 6 km in der Stunde zurücklegen. Wird es bergig, müssen Sie 1 zusätzliche Stunde je 400 Höhenmeter einkalkulieren. Wollen Sie mit dem Pferd joggen, schaffen Sie – bei entsprechender Kondition – auch gut 10 km in der Stunde.

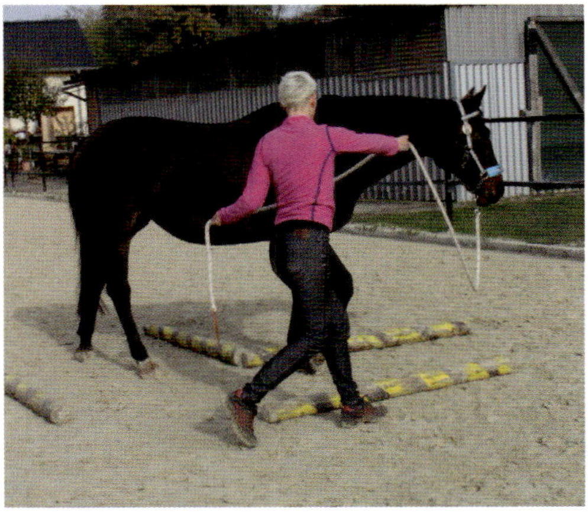

Lernen Sie, Ihr Pferd von beiden Seiten zielgenau und auch von hinten zu führen – vorwärts und rückwärts. Das hilft bei kniffligen Geländepassagen.

Versicherungen

Die beste Versicherung ist eine gute Ausbildung, doch trotzdem kommt es immer wieder zu nicht vorhersehbaren Zwischenfällen:

Für den Horse Walker empfehlen sich die gleichen Versicherungen wie für den Reiter:

Die Pferdehalterhaftpflicht (die auch Reitbeteiligungen und andere »Fremdführer« mit einschließt) ist sowieso Pflicht.

Eine Unfallversicherung sollte auf jeden Fall dazu kommen.

Und eine Rechtsschutzversicherung ist im Schadensfall sehr hilfreich.

Erste Hilfe

Nicht nur unterwegs, sondern auch im normalen täglichen Umgang können sich Pferd oder Mensch kleine oder auch größere Verletzungen zuziehen. Eine kleine Notfallausrüstung für den Stall und für unterwegs ist deswegen angeraten.

Erste-Hilfe-Kit für unterwegs

Desinfektionsspray, Wundsalbe, zwei Bandagen, 2 Kompressen, Watte, Panzerband, Schere, Rivanoltabletten (um schnell eine antiseptische Lösung bei kleineren Verletzungen und Wunden herzustellen), Pflaster, Taschenlampe, Taschenmesser.

Auch ein paar homöopathische Mittel, die für Mensch und Pferd gleichermaßen eingesetzt werden können, sind zu empfehlen: Arnika-Globuli, Traumeel-Tabletten, Bachblüten-Rescue-Tropfen.

KAPITEL 7

Wissen Sie eigentlich, was Sie tun?

ÜBUNGSTEIL

Wissen Sie überhaupt, was Sie tun?

Mit dieser provokanten Frage möchte ich Sie auf die kommenden Übungen sensibilisieren: Werden Sie sich Ihrer Körpersprache durch vorbereitende und ergänzende Einzel- und Partnerübungen ohne Pferd bewusst.

Allgemeines zum Thema Körperwahrnehmung und Bewegungsqualität

Eine aufrechte (und damit gesunde) Haltung zu bewahren, ist nicht nur im Hinblick auf eine gute Kommunikation mit dem Pferd notwendig, sondern immer und überall. Haltung und Mimik (die **Körpersprache**) transportieren den inneren Zustand des Menschen nach außen und verraten Mitmenschen und Pferden viel über uns. Pferde sind Meister im Lesen der Körpersprache und kennen deswegen »ihre Menschen« oft genauer als die sich selbst. Jede Veränderung der Körperspannung des Menschen, jede Unsicherheit wird registriert und das Pferd reagiert entsprechend. Nicht immer im Sinne des Menschen, der oft genug gar nicht weiß, was er wirklich ausdrückt, weil er den Kontakt mit seinem eigenen Körper verloren hat. Er weiß in vielen Fällen tatsächlich nicht genau, was sein Körper tut. Was seine linke Hand macht, wenn er etwas mit der rechten tut, wie er beim Laufen auftritt und den Boden fühlt, welche – zweckmäßige oder unzweckmäßige – Spannung wo in seinem Körper ist.

Pferde können uns sehr gut alle unsere Dysbalancen und Blockaden bewusst machen, denn prinzipiell sind sie gutmütig und wollen es ihrem Menschen recht machen – wenn er in der Lage ist, klare Ansagen zu machen, die richtigen Signale zu geben.

Das Thema **»Führen und Folgen«** ist ein Wesentliches bei der Kommunikation zwischen Pferd und Mensch, aber auch zwischen Menschen. Wer führt, muss wissen, wo es hingehen soll, muss eine Idee von der gemeinschaftlichen Bewegung im Raum haben. Und der Geführte muss bereit und willens sein, sich führen zu lassen. Dazu muss er dem Führenden vertrauen. Und dieser wiederum muss sich das **Vertrauen** verdienen – durch souveränes und faires Verhalten.

Der Mensch muss also wissen, was er will und was sein Körper tut; er muss in Kontakt mit sich selbst sein und auf die Reaktionen des Pferdes achten. Dazu braucht er eine ganze Palette von psychischen und körperlichen Eigenschaften: Konzentration, Aufmerksamkeit, Achtsamkeit, Souveränität und Gelassenheit, Kondition/Ausdauer, Balance, Beweglichkeit, Stabilität und Kraft bzw. Körperspannung. All dies kann er sich auch ohne Pferd aneignen – mit Pferd macht es aber mehr Spaß! Sinnvoll ist jedoch, sich der eigenen Körpersprache bewusst zu werden und sie zu trainieren, bevor wir sie mit dem pferdischen Partner ausprobieren.

Haltung bewahren – Vorbereitende Übungen ohne Pferd (Trockentraining)

In den Übungen des »Trockentrainings« geht es darum, deutliche Körpersprache zu erlernen und den eigenen Körper sicher zu kontrollieren, kurz in allen Situationen »Haltung zu bewahren«.

Der Horse Walker braucht Körperspannung und ein Bewusstsein für »Bewegungsqualität«. Er muss seine einzelnen Körperteile gezielt bewegen können und die Orientierung im Raum

Haltung bewahren: Aufrecht stehen mit Körperspannung und das Pferd nur durch kontrollierte Gestik mit den Hinterbeinen übertreten lassen.

behalten. Wichtig ist auch eine ungehindert fließende Atmung.

Nehmen Sie für manche Übungen einen Spiegel zur Hilfe oder lassen sich filmen, um die Wirkung Ihrer Körpersprache zu überprüfen. Viele Menschen haben ein völlig anderes Bild von sich selbst und ihrer Außenwirkung als das, was andere sehen und was eben auch das Pferd wahrnimmt. Da muss dann oft erst einmal Innen- und Außenwahrnehmung in Übereinstimmung gebracht werden.

Kraft – nein, danke! Konzentration – ja, bitte!

Die Feinheiten und die Präzision einer Bewegung gehen durch zu hohen Krafteinsatz verloren. Falsche Anstrengung verhindert die Erfahrung von Energiefluss, Harmonie und angenehmem Körpergefühl. »Anstrengung« ist eher richtig im Hinblick auf geistige Anstrengung in Form von Überlegungen, wie man die Zusammenarbeit mit dem Pferd für beide angenehm und Kraft sparend gestalten kann.

Bewegungsqualität erreichen und beurteilen

Folgendes Beispiel soll verdeutlichen, was ich unter Bewegungsqualität verstehe: Wenn Sie von einem Stuhl aufstehen wollen, können Sie dafür viel oder wenig Kraft verbrauchen – die Bewegung kann abrupt und abgehackt aussehen oder weich und gleitend.

Wie entstehen diese Unterschiede? Derjenige, der viel Kraft verbraucht, koordiniert nicht alle Teile seines Körpers für die geplante Bewegung.

Lassen Sie Ihren Oberkörper aufrecht und gerade, müssen Sie Ihre Bein- und Rückenmuskeln stark

anspannen, um aufzustehen. Die Bewegung wirkt steif und angestrengt.
Sie können Ihren Muskeln jedoch die Arbeit sehr erleichtern, wenn Sie Ihren Oberkörper locker aus der Hüfte nach vorne schwingen und den Schwung zum Aufstehen ausnutzen. Die Bewegung ist fließend, sieht viel eleganter aus und kostet die Hälfte der Kraft.
Das Gefühl für eine präzise Bewegung mit minimalem Aufwand ist sehr wichtig, um die Aufmerksamkeit des Pferdes nicht durch unnötiges Herumzappeln zu strapazieren. Jede Bewegung, die wir als Mensch machen, ist ein Signal für das Pferd. Muss es auf zu viele – womöglich auch noch widersprüchliche – Signale achten, lässt die Aufmerksamkeit nach. Zudem ist es natürlich viel cooler, wenn man ein Pferd mit einem einzigen Schritt, einer einzigen Armbewegung zu einer prompten Reaktion veranlasst, statt wild in der Gegend herum zu gestikulieren.

Gewohnheiten durchbrechen

Menschen (und Pferde) sind »Gewohnheitstiere«. Gewohnheit verhindert oft ein Dazulernen oder Umlernen, weil wir, verursacht durch ein bequemes »Das war schon immer so ...«, vieles als unangenehm oder nicht für uns relevant ablehnen, was die Gewohnheit durchbricht. Was das eigene Körpergefühl angeht, welches im Umgang mit dem Pferd so wichtig ist, so erstarren wir auch hier gern in Gewohnheiten: Eine Verspannung, eine Steifheit im Körper, eine unrationelle Bewegung wird als solche nicht mehr erkannt, weil wir uns daran gewöhnt haben, zuviel Kraft dafür aufzuwenden. Solche Gewohnheiten gilt es zu erkennen und zu ändern. Denn das Pferd erkennt (unzweckmäßige) Spannungen im Körper des Menschen und reagiert darauf seinerseits mit Spannung. Vor allem spürt es die Ursachen der Spannung, wie Angst, Unsicherheit, Ärger oder sonstige negative Stimmungen. Genauso erkennt es Gelassenheit und Freude an der Arbeit seitens des Ausbilders und gibt ein positives Feedback.
Viele Übungen aus der Körperarbeit (als Beispiel Cantienica, Feldenkrais oder Alexandertechnik) helfen, sich des eigenen Körpers bewusster zu werden und unverkrampfte Körperspannung zu entwickelt.

Sensibilität steigern

Ist die eigene Sensibilität entwickelt, so fällt es auch viel leichter, sensibel auf die Äußerungen des Pferdes zu reagieren. Im Zuge der eigenen verstärkten Empfindsamkeit werden Sie auch mehr Feinheiten und Nuancen in den Bewegungen des Pferdes erkennen können. Dies ist die Voraussetzung für präzises Wahrnehmen der Absichten des Pferdes mit der Möglichkeit, schnell genug darauf zu reagieren sowie für die Entwicklung von eigenen Leitbildern und Visionen.

Wichtig sind deutliche, bestimmte Bewegungen und Souveränität, um dem Pferd seinen Führungsanspruch auch glaubhaft vermitteln zu können. Selbstsicherheit und Ausgeglichenheit sowie Authentizität sind das A und O im Umgang mit Pferden (und mit Menschen ...), denn wie soll man mit anderen – Pferden wie Menschen – klarkommen, wenn man mit sich selbst nicht im Reinen ist?
Jede Unsicherheit, ob z.B. das Pferd ein Signal auch befolgen wird, oder eine Unkonzentriertheit machen Ihre Körpersprache unpräzise und verunsichern das Pferd.

Den eigenen Körper kennen lernen

Übung: Bewusste Wahrnehmung von Spannungen und verketteten Muskeln

Mit Übungen aus der progressiven Muskelentspannung können Sie Verspannungen erkennen und bewusst lösen.

Krallen Sie z. B. die Zehen in den Boden und spannen die Beine an und schauen, was das Becken macht. Spannung danach bewusst lösen. Probieren Sie, ob Sie z. B. nur die Wadenmuskeln entspannen können bei angespannten Zehen oder Oberschenkeln. Sie werden feststellen, dass das kaum möglich ist.

Tragen Sie die Hände vor sich her und machen die Fäuste fest zu; spüren Sie der Spannung nach und schauen, welche Muskelketten an der geballten Faust dranhängen, danach die Spannung wieder lösen. Versuchen Sie, die Schultermuskulatur von der festen Hand zu trennen – auch hier ist das nicht möglich.

Testen Sie die Beweglichkeit von Armen und Beinen, wenn die Fäuste fest geballt sind und die Zehen verspannt.

Körperspannung versus (falsche) Verspannung

Richtige Körperspannung macht beweglich und reaktionsschnell, falsche Verspannung macht unbeweglich und führt zu eckigen, zerhackten Bewegungen und zu langsamen Reaktionen.

Reaktionsschnelligkeit ist beim Umgang mit Pferden extrem wichtig. Pferde sind in der Regel jedem Menschen überlegen, wenn es um schnelle Bewegungen geht. Der Mensch kann diesen nur begegnen, wenn er extrem aufmerksam auf die Körpersprache des Pferdes achtet, sowie selbst beweglich und reaktionsschnell genug ist. Um reaktionsschneller und effektiver in der eigenen Körpersprache zu werden, bedarf es einer Überprüfung von gewohnheitsmäßig ausgeführten Bewegungsmustern und eines »Spannungs-Checks«, der blockierte Gelenke durch falsche Spannung aufspürt. Zudem muss an der Symmetrie gearbeitet werden – nicht nur beim Pferd, sondern auch beim Menschen.

Jeder Mensch ist asymmetrisch und hat eine besser und eine schlechter koordinierte Seite. Wie bei der Ausbildung des Pferdes ist es auch für den Menschen nötig, die beiden Seiten möglichst gleich stark und gleich gut koordiniert zu machen, den Menschen also gerade zu richten, so dass er links- und rechtshändig gleich gut agieren kann.

Verschränken Sie einmal Hände oder Arme anders herum, um sich Ihrer Einseitigkeit bewusst zu werden. Putzen Sie die Zähne mit links, mit wechseln Sie die führende Hand und Ausrichtung des Besens, wenn Sie den Hof fegen.

Prinzipiell geht es um das Auftrainieren der »schwachen« Seite hinsichtlich Kraft und Koordination.

Hände können auf zwei Arten verschränkt werden. Der rechte oder der linke Daumen können oben liegen. Nur eine davon ist Ihnen geläufig, die andere fühlt sich »fremd« an.

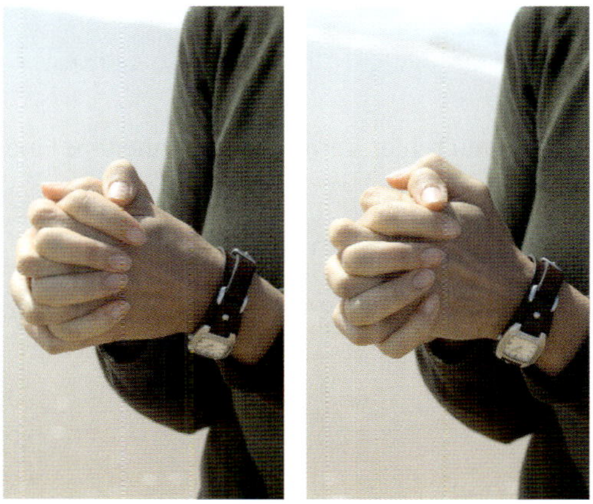

Ich habe das soweit getrieben, auch Brot linkshändig zu schneiden, beim Essen Messer und Gabel zu vertauschen und bisweilen die »Maushand« bei der Computerarbeit zu wechseln. Probieren Sie es aus – anfangs ist das äußerst mühsam, Ihr Körper wird es Ihnen jedoch danken, weil manche Art von Schmerz langfristig dadurch verschwindet.

Haltung und psychischer Zustand

Die Haltung des Menschen spiegelt seinen psychischen Zustand und sein Energielevel. Das Pferd erkennt sofort an Ihrer Haltung, ob Sie etwas wirklich wollen oder nur halbherzig sagen: Naja, versuchen wir's mal ... Im zweiten Fall sagt es sich meist: Lass ihn ruhig mal versuchen ..., ist nicht ernst gemeint, kein Handlungsbedarf.

Wenn Sie Kopf und Schultern hängen lassen, zusammensinken, nach unten schauen, die Mundwinkel nach unten ziehen und schleppende oder zögernde Schritt machen, wird das Pferd nicht reagieren.

Aufrichtung, Aufbau von Körperspannung, Präsenz und deutlicher Fokus auf die gewünschte Bewegungsrichtung signalisieren dem Pferd, dass Sie genau wissen, wo es lang geht. Es wird folgen, weil dieses Verhalten seiner Grundsozialisation als Herdentier entspricht.

Übungen, um Körperspannung und Balance zu verbessern und die Gelenke locker zu halten

Yoga – Der Held (1): Dehnung der Leiste und des vorderen Oberschenkels, Verbesserung der Präsenz

Selbstbewusstsein, Präsenz und ein klares Bild von dem, was man will – dann muss man sich selbst nicht viel bewegen, um das Pferd zu bewegen: Das Pferd ist aufmerksam und weicht mit den Hinterbeinen zur Seite wie gewünscht.

Yoga – Seitstütz (2): für mehr Kraft, Körperspannung und Balance

Übungen mit Trampolin (3) – Springen mit Wasserbecher in der Hand oder auf der Stelle joggen, ohne dass das Wasser schwappt: für eine ruhige Hand beim Fahren vom Boden und bei der Langzügelarbeit. Und für bessere Körperspannung und mehr Kondition. Abkoppelung der Hand vom Körper über den losen Ellbogen als ausgleichendes Gelenk. Abfedern des Schwunges über das gebeugte Knie und das weiche Fußgelenk.

Joggen mit Wasserbecher in der Hand: (Nutzen wie bei Trampolin)

Gymnastik für ...

Beweglichkeit des Nackens: Kopfkreisen, Kopf zur Seite drehen im Liegen (4), Kopf in eine Richtung drehen, Augen dabei gegenläufig bewegen (5), Mit Stift im Mund ein imaginäres Bild zeichnen (6)

1

2

3

4

5

6

Beweglichkeit der Schulter: Armkreisen, Windmühle (7)
Beweglichkeit des Rumpfes und der Hüfte: Hüftkreisen, evtl. mit Hula-Hoop-Reifen, Rotation des Oberkörpers (8)
Bauch- und Rückenmuskulatur: Sit-Ups, Vierfüßerstand und Rücken aufwölben und nach unten durchdrücken (9)
Flach auf den Boden auf den Bauch legen und den Oberkörper mit ausgestreckten Armen vom Boden heben; das Gleiche mit den Beinen; dann beides zusammen mit nach hinten gestreckten Armen (10) und diagonal 1 Arm und 1 Bein (11)
Körperspannung: Brücke (12) und Schräge (13)

7

8

8

9

9

10

11

12

13

13

Isometrische Übungen:

Flache Hand seitlich an bzw. vorne oder hinter den Kopf und Kopf und Hand gegeneinander drücken, Hände übereinander legen und von unten gegen das Kinn drücken (14), Hände hinter den Nacken legen und Nacken gegen Hände drücken (15) – für bessere Körperspannung und Kraft

14

15

16

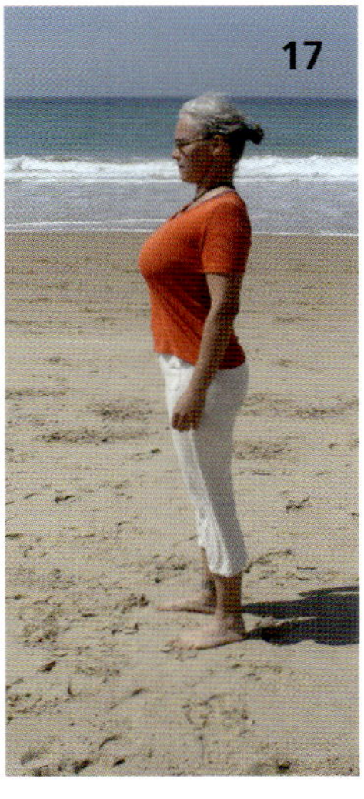
17

Aufrecht stehen, Zehen zusammenkrallen und wieder entspannen; mit der Spannung experimentieren: gerade stehen mit (richtiger) Körperspannung (16), Brustkorb aufblasen und herausdrücken und dabei das (falsche) Hohlkreuz spüren (17), Sitzen und mit Kraft die Fußsohle gegen den Boden drücken.

Dehnung und Beweglichkeit für Leiste und Hüfte (18 + 19)

18

18

19

Das Gefühl für »gerade« bekommen: Stellen Sie sich hin und schwanken etwas vor und zurück und zur Seite; knicken Sie in der Hüfte ein und lassen eine Schulter hängen und versuchen dann wieder, alle Seiten gleich lang zu bekommen. Machen Sie das Gleiche im Sitzen; legen Sie sich zur Kontrolle der Geraden ein Buch auf den Kopf (20).

Stabilität, Kontrolle, Gleichgewicht

Machen Sie sich immer bewusst, dass die Kraft- und Größenverhältnisse zu Ihren Ungunsten ausfallen.

500–600 kg Pferd zu 60–80 kg Mensch ist keine gute Konstellation, wenn das Pferd nicht kooperativ ist. Sorgen Sie also für ein »höfliches« Pferd, das respektvoll Abstand hält und sich leicht lenken lässt. Lassen Sie sich nie auf einen »Ziehkampf« mit dem Pferd ein, versuchen Sie es nicht mit Drücken oder Schieben irgendwohin zu bewegen. Das kann nicht funktionieren.

Die Übungen in diesem Buch zeigen Ihnen, wie Sie Ihr Pferd zu einem gut erzogenen und sicheren Freizeitpartner machen.

»Haltung bewahren« und »zielgerichtet bewegen« – in der praktischen Arbeit mit dem Pferd

Jedes Zusammenfallen im Brustkorb, jedes Hängenlassen oder Schiefneigen von Kopf und Schultern vermittelt das Signal eines unentschlossenen Menschen, wie oben schon ausgeführt. Mit hängendem Kopf ist zudem Ihr Gesichtsfeld eingeschränkt, was das Beobachten des gesamten Pferdes erschwert. Fallen die Schultern nach vorn, so schränken Sie erstens die freie Beweglichkeit der Arme ein und behindern zweitens Ihre Atmung. Drittens leidet durch diese Einschränkungen die Deutlichkeit Ihrer Bewegung, weil sich nicht der ganze Körper daran beteiligen kann – denn Teile des Körpers sind durch das Hängenlassen oder Zusammenfallen blockiert (wie auch beim Reiten).

Wenn ich sage, der ganze Körper soll sich an der Bewegung beteiligen, so meine ich natürlich nicht, dass »viel Bewegung« nötig ist, sondern dass eine Bewegung fließend und weich (elegant) ist, dass ein Heben des Armes nicht durch eine steife Schulter behindert, ein weiter Schritt nach vorne nicht durch einen steifen Rücken oder eine steife Hüfte blockiert wird. Nicht nur der Reiter auf dem Pferd sollte elegant aussehen – auch der, der am Boden mit dem Pferd arbeitet. Eine elegante Bewegung ist immer effektiv.

Stabilität durch Körperspannung

Bisweilen müssen Sie einmal ein nach Nach-Außen-Ziehen des Pferdes kurzfristig abfangen.

Dazu brauchen Sie Stabilität über Körperspannung.
Durch Aufrichtung im Oberkörper erlangen Sie diese Körperspannung. Drücken Sie jedoch nicht den Brustkorb heraus und versteifen Sie nicht die Knie. Damit fallen Sie ins Hohlkreuz und werden wieder instabil. Wollen Sie die Körperspannung verstärken, so stellen Sie sich vor, aus der Bauchmitte Energie nach außen zu drücken, wie beim Niesen oder Naseschneuzen. Um die Spannung auch beim Einatmen zu halten, atmen Sie gedanklich Richtung Bauch/Becken ein. Bleiben Sie locker im Knie und schließen Sie die Achselhöhlen (Außenrotation im Arm) hinten, das verstärkt die richtige Körperspannung (siehe auch Übung Tauziehen).

Zielstrebig bewegen

Bewegungsrichtung und Schnelligkeit Ihrer Bewegung haben einen deutlichen Einfluss auf das Pferd. Gehen Sie sehr forsch auf das Pferd zu, so wird es denken, Sie wollen seinen Platz beanspruchen – und ausweichen. Gehen Sie langsam, so nähern Sie sich in »freundlicher Absicht« und das Pferd wird abwarten.

Gehen Sie einen Schritt zurück, so fordern Sie das Pferd praktisch damit auf, Ihnen zu folgen. Ein Schritt zurück darf jedoch auf keinen Fall von einem Verhalten des Pferdes verursacht werden. Treten Sie zurück, wenn Ihnen das Pferd unaufgefordert zu nahe »auf die Pelle rückt«, so weichen Sie dem Pferd aus. Das Pferd hat damit ausgetestet, was es sich bei Ihnen erlauben kann – Ihre Führungsposition ist gefährdet.

Positionierung der Schultern

In der Bodenarbeit fortgeschrittene Pferde richten sich mit ihren Schultern auf die Schultern des Ausbilders aus. Durch Schulterdrehung können Sie das Pferd zum Anhalten oder Abwenden veranlassen.

Klare Ansage: Zielstrebige Bewegung und die Idee im Kopf des Menschen »Geh' rückwärts« bringen das Pferd dazu, den Rückwärtsgang einzulegen.

Sparsame und kontrollierte Gestik

Die Gestik sollte aus ruhigen, kontrollierten Bewegungen bestehen. Jede überflüssige oder unkontrollierte Bewegung ist ein unnötiges und oft auch noch missverständliches Signal für das Pferd. »Kontrollierte Bewegung« soll jedoch nicht heißen, dass Sie sich jede Geste erst lange überlegen müssen: Jedes Signal würde damit unweigerlich zu spät kommen. Über abrufbare, bildhafte Vorstellungen sind die jeweils adäquaten Gesten schnell und richtig verfügbar (siehe Abschnitte Augen / Sehen lernen / Leitbilder).

Die Arme

Mit den Armen weisen Sie dem Pferd die Richtung, in die es sich bewegen soll. Sie können es »einrahmen«, nach vorne und hinten begrenzen. Durch Heben eines Armes oder beider fordern Sie Aufmerksamkeit vom Pferd. Gerte oder Peitsche oder ein kreisendes Seilende dienen als Verlängerung des Armes, wenn das reine Körpersignal nicht ausreicht.

Reagiert ein Pferd schlecht, so können Sie auch ruhig mit hocherhobenen Armen wild gestikulieren, um erst einmal Aufmerksamkeit und den Ansatz einer Reaktion zu erhalten. Später reduzieren Sie diese »wilde« Gestik wieder. Mit den hohen Armen machen Sie sich selbst größer und imitieren das drohende Steigen eines Pferdes. Keine Angst: Ihr Pferd wird davon nicht kopfscheu.

Hände und Finger

Mit den Händen können Sie dem Pferd einerseits angenehme Empfindungen – z. B. durch Massage oder Streicheln – übermitteln. Sie können sie aber auch einsetzen, um das Pferd absichtlich zu stören. Wenn ein Pferd nicht rückwärts gehen will, können Sie es mit mehreren Fingern kurz hintereinander in die Brust piken. Das tut nicht weh, wird aber mit der Zeit unangenehm und

Oft reicht es, mit dem Stick auf das Bein zu zeigen, welches ausweichen soll. Hier ist die schwarze Rasselspitze im Einsatz, die bei manchen Pferden mit zähen Reaktionen Wunder wirkt.

löst deswegen eine Reaktion aus. Statt der eigenen Finger können Sie auch einen Stick verwenden. Der Multifunktionsstick mit der blauen Kugel oder der schwarzen Rassel als Spitze eignet sich dafür gut.

Um die Gesten zu minimieren, suchen Sie sich die Punkte am Pferd, an denen es besonders sensibel auf Druck reagiert.
Sie können mit beiden flachen Händen seitlich gegen die Schultern des Pferdes klopfen. Viele Pferde gehen auf dieses Signal gut rückwärts. Auch das Wedeln neben dem Kopf oder sogar leichte Anklatschen der Ganaschen des Pferdes mit den Händen kann helfen. Es stimmt nicht, dass man das Pferd damit kopfscheu macht. Das Pferd kann – und soll – ja schließlich ausweichen. Es wird schnell merken, dass das unangenehme Gewedel aufhört, wenn es reagiert. Kopfscheu macht man das Pferd, wenn man ihm im normalen Umgang, also z.B. beim Anziehen des Halfters, unkoordiniert und fahrig am Kopf herumfuchtelt, denn dabei soll es ja stillhalten, und nicht durch Wegziehen des Kopfes bzw. Wegtreten nach hinten reagieren.

Das Anpiken mit den Fingerspitzen oder das Anklopfen mit dem Stick an verschiedenen Körperteilen soll das jeweilige Körperteil zum Ausweichen animieren. Viele am Boden nicht gut erzogene Pferde drängen z.B. gerne mit der Schulter gegen den Menschen. Mit der Kugelspitzen des Sticks (Rassel und blaue Kugel) können Sie die Schulter beeinflussen, ohne zu dicht am Pferd arbeiten zu müssen.

Keine Wutausbrüche!

Bei allen diesen »Störaktionen« dürfen Sie keinesfalls Fall wütend werden, wenn keine Reaktion kommt und dann aus der Wut heraus das Pferd zu traktieren. Das Verfahren ist vielmehr eine »Zermürbungstaktik«, die dem Pferd irgendwann auf die Nerven geht, ohne dass sich der Mensch dabei aufgeregt hat. Behält er nämlich die Ruhe, so signalisiert er dem Pferd seine Sicherheit nach der Devise: »Du wirst schon irgendwann nachgeben.« Wut verrät jedoch dem Pferd eine gewisse Hilflosigkeit oder sogar Angst des Menschen. Wut und Angst liegen sehr nah beieinander und so mancher Mensch verprügelt sein Pferd, weil er eigentlich Angst vor ihm hat.

Die Beine und Füße

Beine und Füße sind neben der aufrechten Haltung für die Deutlichkeit der Bewegungsrichtung verantwortlich.
Suchen Sie den Punkt am Pferd aus, den Sie zum Ausweichen veranlassen wollen, und zielen mit den Fußspitzen direkt darauf. Wollen Sie das Pferd dazu veranlassen, mit der Hinterhand aus dem Weg zu gehen, so zielt Ihre Fußspitze auf den inneren Hinterhuf, während Sie auf die Hinterhand des Pferdes zugehen. Auch der Winkel, in dem Sie sich auf den Teil des Pferdes, der weichen soll, zubewegen, ist wichtig. Es ist nämlich gut möglich, dass Sie das Pferd dabei selbst in einer bestimmten Richtung blockieren. Die Richtigkeit Ihrer Bewegung zeigt sich in der Reaktion des Pferdes. Es weicht nicht in die gewünschte Richtung, wenn die Bewegung des Menschen nicht stimmt.

Hals und Kopf

Ein angehobenes Kinn signalisiert Entschlossenheit, ein eingezogenes Genick und Kinn Angst oder Unentschlossenheit. Das ängstliche Einziehen des Genicks wirkt sich zudem auf die

Überdeutliches Heben des Beines, um die Hinterhand ausweichen zu lassen: Wenn das Pferd schlecht reagiert, wird die Körpersprache deutlicher.

Beweglichkeit des ganzen Körpers und auf die Schnelligkeit der Reaktionen aus. Ihre Absichten und Bewegungen bleiben praktisch »im Hals stecken«, werden blockiert. Es ist nun nicht nur so, dass die innere Haltung die äußere bedingt. Das Ganze funktioniert auch andersherum. Wird Ihnen bewusst, dass Sie das Genick einziehen, so können Sie durch eine Änderung dieser äußeren Haltung, indem Sie sich straffen und den Kopf anheben, eine aufrechtere innere Haltung erlangen.

Mit einem Lächeln ...

Ein verbissener Gesichtsausdruck führt zu verbissenem Handeln ohne jene lächelnde Nachsicht, die den Umgang mit dem Pferd entspannter gestalten kann. Wie die Richter in Dressurprüfungen einen lächelnden Reiter sehen wollen, so ist dies auch in der Bodenarbeit von Vorteil. Ein entspanntes Gesicht bedingt entspanntes Verhalten. Sie können ruhig ein Liedchen pfeifen

Machen Sie ein freundliches Gesicht. Lächeln entspannt die Atmosphäre.

Prompte Reaktionen des Pferdes einfordern: hier das Angaloppieren nach einem Richtungswechsel.

oder summen, um sich zu entspannen, solange Sie dabei das Pferd nicht aus den Augen lassen.

Atmung

Fließende, gleichmäßige Atmung zeigt Ruhe und Gelöstheit. Wem der Atem stockt, der hat Angst oder ist zumindest erschrocken. Das Gleiche gilt fürs Luftanhalten. Wenn Sie also erschrocken nach Luft schnappen, dann weiß das Pferd sofort, dass etwas nicht stimmt. Und wenn Sie befürchten, dass das Pferd etwas tut, was Sie nicht kontrollieren können, halten Sie auch oft die Luft an und versetzen damit sich selbst in eine negative Erwartungsspannung. Also: Ausatmen nicht vergessen! Lassen Sie die Luft raus! Lassen Sie den Atem gedanklich durch alle Körperteile strömen. Damit halten Sie auch den Energiefluss aufrecht. Durch forciertes Ausatmen können Sie allerdings auch kurzfristig Kraft freisetzen, wie es die Kampfsportler mit einem Schrei tun. Das Wort »Whoa« oder »Hoh«, welches viele Westernreiter als verbales Kommando zum Anhalten nutzen, hat einen ähnlichen Effekt. Sie stoßen mit einem dunklen Laut Luft aus und frieren dabei kurzfristig ihre Bewegung ein. Am Boden kann man dieses Kommando zusätzlich zur Veränderung der Körperposition zum Anhalten geben.

Guten Kontakt zwischen zwei Partnern herstellen – Führen und Folgen

Es geht bei diesen Vorübungen darum, richtigen Kontakt zum Partner aufnehmen, um präzise Signale für die Richtungs- und Tempokontrolle zu geben. Der menschliche Partner, der dabei die »geführte Rolle« des Pferdes übernimmt kann Feedback geben, wie die Führung bei ihm ankommt – oder nicht ankommt. Bei Kursen zum Thema Körperwahrnehmung wird dabei immer ziemlich viel gelacht, weil der Geführte bisweilen nur noch »Bahnhof« versteht.

Für den guten Kontakt mit dem Pferd (oder dem geführten menschlichen Partner) gibt es einiges zu beachten.

Guter Kontakt braucht Ruhe und Konzentration, Aufmerksamkeit, Achtsamkeit und eher sparsame »Aktionen«

... um das Pferd durch eigenes »Nichts-Tun« zu bestätigen, wenn es tut, was es soll.
... um die »Spannungsverhältnisse« und den emotionalen Zustand bei sich selbst und beim Pferd sensibel wahrzunehmen.
... um schnell genug reagieren zu können.
... um nicht unnötig Energie zu verschwenden.
... um das Pferd nicht mit »Dauergeschwätz« abzustumpfen.

Ohne gegenseitige Aufmerksamkeit kommt kein Kontakt zustande.
Pferd und Mensch bilden einen geschlossenen Energiekreis in Bewegung

Jeder der beiden Partner muss bei einem guten Kontakt für sich im Gleichgewicht bleiben, ohne sich beim anderen abzustützen oder anzulehnen. Gerade bei jungen Pferden hat man es häufig, dass sie sich zu sehr beim Menschen »anlehnen« und ihn damit praktisch handlungsunfähig machen.

Führen und Folgen – Übungen mit einem menschlichen Partner

Üben Sie »Führen und Folgen« mit einem Partner; führen Sie selbst und lassen Sie sich führen – mit Körperkontakt (direkt und über eine simulierte Zügelverbindung mit einem Seil) und ohne, nur mit Augenkontakt – das Ganze vorwärts, in Wendungen und rückwärts (siehe Abbildungen auf den nächsten Seiten).

Horse Walking **Kontroll-Instrumente**

Die Kommunikationsmittel zur Richtungs- und Tempokontrolle am Boden

- Ausrichtung und Blickrichtung, klare Bewegungsrichtung
- Veränderung der Körperspannung, der Haltung und der Atmung
- Die Stimme
- Vorstellungskraft, Vorstellungsbilder der gewünschten Bewegung,
- gute Konzentration auf den jeweils anderen, Aufmerksamkeit
- Signale mit Gerte/Stick/Peitsche (als Reichweitenverlängerung)
- Signale mit Händen/Fingern und Führseil/Longe

Sie werden sehr schnell feststellen, dass die Führung nicht funktioniert, wenn nicht beide Partner mit voller Konzentration aufeinander bei der Sache und bestrebt sind, den Kontakt zu halten. In meinen Kursen mache ich immer wieder gern solche Übungen, die viele Aha-Erlebnisse und viel Gelächter verursachen.

Besonders aufschlussreich – für den Führenden und für den Geführten – ist es immer wieder, wenn der von hinten Führende beim Abwenden den inneren Zügel nicht zur Seite führt, sondern nach hinten zieht. Probieren Sie es aus und Sie ziehen nie wieder am inneren Zügel rückwärts, wenn Sie gespürt haben, wie Sie als Geführter damit aus dem Gleichgewicht geraten.

Versuchen Sie das auch mit einem blinden »Pferd« und lassen Sie den Geführten die Augen

Führen mit Körperkontakt: die einfachste Variante.

Führen mit Augenkontakt: hier braucht es noch mehr Aufmerksamkeit und Konzentration.

Führen mit Zügelkontakt: Das »Pferd« lässt die Zügel zwischen Daumen und Zeigefinger lose durchlaufen. Damit wird am besten die Lage im Maul des echten Pferdes simuliert. Es kommt darauf an, dass keiner der beiden Partner den Zügelkontakt abreißen lässt. Beide sollten Kontakt halten wollen.

Führen mit Zügelkontakt: Wenn einer der beiden den Kontakt aufgibt, funktioniert die Führung nicht mehr; der Geführte wird unsicher, wohin es gehen soll.
Wird der Kontakt jedoch zu hart und starr, wird die Lenkung zäh und schwergängig.

Experimentieren Sie mit der Achse: Wenn Sie sich gegeneinander lehnen (links), werden Sie abhängig vom anderen und verlieren das Gleichgewicht, wenn der andere den Kontakt aufgibt (rechts).

schließen. Dazu muss er dem Führenden natürlich sehr viel Vertrauen entgegenbringen.
Dass eine präzise Führung auch mit einem blinden echten Pferd funktioniert, konnte ich an meinem blinden Knabstruper-Mischling Bobby testen, der am langen Zügel in einer vollen Halle mit viel Geräuschkulisse eine Weihnachtsvorführung absolvierte.

Auf eigenen Füßen stehen – Das Gleichgewicht halten, ohne sich am Partner festzuhalten

Experimentieren Sie mit der Achse: Lehnen Sie den Oberkörper zueinander oder voneinander weg. Damit begeben Sie sich in eine gegenseitige Abhängigkeit. Nimmt einer den Zug bzw. die Stütze weg (gibt den Kontakt auf), hat der andere Schwierigkeiten, das Gleichgewicht zu halten. Sie können das mit direktem Körperkontakt probieren oder mithilfe eines Seiles, beim Tauziehen.

Tauziehen

Pferd und Reiter sollen jeder für sich alleine das Gleichgewicht halten, ohne den jeweils anderen zur Erhaltung des eigenen Gleichgewichts zu missbrauchen. Bei einem Tauziehen können Sie wirkungsvoll testen, wie schnell man aus dem Gleichgewicht kommt, wenn sich z.B. beide Partner einfach nur mit Zug nach hinten gegeneinander lehnen und einer überraschend den Kontakt aufgibt: Der andere fällt nach hinten um. Wenn jedoch die beiden Partner mit minimal gebeugten Knien und mit hoher Körperspannung senkrecht stehen, können sie einen stärkeren Zug aufrecht erhalten und bleiben stabil, wenn der andere den Kontakt aufgibt. Bei der Longenarbeit sieht man häufig, dass Pferd und Mensch gegeneinander ziehen. Das Pferd zerrt nach außen und der Mensch hält dagegen – mit zweifelhaftem Erfolg, denn das Pferd hat deutlich mehr Kraft. Wenn der Mensch den Kontakt dagegen immer wieder bewusst aufgibt, zwingt

Tauziehen: Gegeneinander-Ziehen macht abhängig vom anderen (links). Wenn beide Partner mit minimal gebeugten Knien und mit hoher Körperspannung senkrecht stehen, können sie einen stärkeren Zug aufrechterhalten und bleiben stabil, wenn der andere den Kontakt aufgibt (rechts).

er das nach außen ziehende Pferd, sich wieder selbst auszubalancieren.

Kontakt halten

Es geht bei den vorbereitenden Übungen darum, dass der Mensch, also der führende Partner, bestimmt, ob er den Kontakt hält oder ihn aufgibt. Wenn er ihn halten will, darf er sich nicht von Ausweichmanövern des Pferdes aus dem Konzept bringen lassen. Üben Sie mit einem menschlichen »Pferd« das Kontakt-Halten. Stellen Sie sich einander gegenüber und halten in jeder Hand ein Seilende. Das »Pferd« versucht immer wieder, den Kontakt zu unterbrechen, der andere versucht, ihn zu halten.

Gedanken kontrollieren, Energie und Aufmerksamkeit lenken

Motivation und positive Bilder

Die Kontrolle des Pferdes spielt sich weitgehend im Kopf des Menschen ab: Innere Bilder und Gedanken steuern die Körpersprache. Mit unserer Gedankenkraft steuern wir die Energie im System »Mensch plus Pferd«. Positive innere Bilder vom erwünschten Idealzustand sind deswegen gefragt.
Gedankenkontrolle ist angesagt. Vermeiden Sie negative Bilder. Wer im Kopf hat »hoffentlich scheut er nicht vor dem Traktor« beschwört das Scheuen geradezu herauf.

Die Energie folgt der Aufmerksamkeit. Mit guten Vorstellungsbildern organisiert sich der Körper von allein und das Pferd folgt der Ausrichtung und der »Idee« des Menschen. Vorausgesetzt, der Mensch hat eine gute Außen-Wahrnehmung, ein zutreffendes Bild seiner eigenen Körpersprache – und will nicht den zweiten Schritt vor dem ersten tun oder mehrere Sachen auf einmal erledigen.

Multitasking – nein, danke! Immer schön der Reihe nach

Forscher haben herausgefunden: Unser Gehirn kann gar kein Multitasking. Immer schön eins nach dem anderen heißt vielmehr die Devise. Wenn es nicht zu komplex ist, gehen auch mal zwei Tätigkeiten parallel – maximal. Aber dann ist Schluss. Bei der Arbeit mit Pferden ist es extrem wichtig, sich auf eine Sache zu konzentrieren und das Ziel nicht aus den Augen zu verlieren. Denn wer kein Ziel hat, weiß nicht, wohin er will.

Ziele sollten SMART sein: selbst erreichbar, messbar, attraktiv, realistisch, terminiert

Zuständigkeiten beachten und Energie lenken

Beachten Sie die Zuständigkeiten von Pferd und Mensch! Das Pferd ist für Energieerzeugung und Bewegung zuständig, der Mensch für alles andere (siehe Kasten oben).

Energiesteuerung

Es ist wichtig, die eigene Energie richtig zu steuern. Damit verstärken Sie Ihre Präsenz. Und Ihre Präsenz ist es, die das Pferd beeindruckt.

Mit richtiger Energiesteuerung wird die Körperspannung verstärkt, ohne dass die Beweglichkeit der Gelenke und die Reaktionsschnelligkeit leidet. Falsche Verstärkung der Körperspannung wäre z.B. das »Brust-Herausstrecken«; dadurch würden Sie ins Hohlkreuz fallen und damit starr und unbeweglich werden.

Denken Sie sich einen Energiestrahl aus der Körpermitte in Richtung des Körperteiles des Pferdes, der ausweichen soll. Stellen Sie sich vor, wie z.B. das innere Hinterbein des Pferdes zur Seite tritt oder wie die ganze Hinterhand blitzschnell nach außen ausweicht.

Oder Sie füllen Ihren Oberkörper »von innen nach außen mit Energie«. Drücken Sie dabei Energie aus der Bauchmitte nach außen – in gleicher Weise als würden Sie sich in die Nase schneuzen oder niesen. Schließen Sie dann die Achselhöhlen hinten, so dass Sie vermehrt Spannung aufs Brustbein bekommen, ohne dabei ins Hohlkreuz zu fallen. Ihre Schultern straffen sich dabei, bewegen sich jedoch nicht nach hinten, sondern nach unten; Ihre Arme kommen in die Außenrotation. Stellen Sie sich vor, alle Seiten Ihres Körpers bleiben gleich lang und Sie »platzen gleich vor Energie«.

Horse Walking – Aufgaben-Verteilung

Das Pferd ist für Energieerzeugung und Bewegung zuständig und muss aufmerksam auf seinen Partner Mensch achten.
Der Mensch ist für alles andere verantwortlich:

- Bewegungsrichtung (Orientierung im Raum),
- Kontakt halten
- Tempo und Gangart,
- Konzepte, Sicherheit und Gleichgewicht von beiden Partnern.

Vergessen Sie aber dabei das Atmen nicht. Ausatmen ist kein Problem mit dieser »Schneuztechnik«. Beim Einatmen müssen Sie jedoch den Atem nach unten fließen lassen (Bauch- bzw. Zwerchfellatmung), um die Spannung zu halten und den Brustkorb nicht nach vorne aufzublasen (und damit wieder ins Hohlkreuz zu fallen).

Richtige Aufrichtung und Körperspannung sowie die richtige Energiesteuerung im Sattel funktionieren auf die gleiche Weise. Wir füllen den Oberkörper mit Energie und lassen Becken und alle Gelenke in Armen und Beinen los, so dass Bewegung weggefedert werden kann. Dann richten wir die Energie mit unserer Vorstellungskraft in die gewünschte Richtung.

Stellen Sie sich genau vor, welches Körperteil des Pferdes sich wohin bewegen soll – hier seitwärts über eine Stange.

Horse Walking

Übungen

Die eigene Energie halten und lenken/verschieben:
Aufrichten und Körperspannung verstärken: den Oberkörper von innen nach außen »mit Energie füllen (wie beim Naseschneuzen), Achselhöhlen schließen, die Arme in die Außenrotation bringen. Nach oben wachsen, nach unten sinken; die Wirbelsäule gedanklich **länger** machen.
Geraderichten: aus der Bauchmitte Energie in die eingeknickte Seite schieben.
Bewegungsrichtung: Stellen Sie sich einen Energiestrahl aus Ihrer Körpermitte vor, der das Pferd oder einzelne Körperteile des Pferdes bewegt. Stellen Sie sich die Bewegung des gesamten Systems Mensch-plus-Pferd im Raum vor.

Bewegungsimpulse durchlassen: Bis wohin geht eine Bewegung / wo sind Spannungen spürbar?
Die Mitte finden, bei sich selbst bleiben: Stehen Sie mit geschlossenen Augen und spüren Sie, wie Sie ständig minimale Ausgleichsbewegungen machen, um senkrecht zu bleiben. Schwanken Sie bewusst nach vorne, hinten und zur Seite, um die Mitte zu finden. Versuchen Sie sich vorzustellen, wie Ihr Becken steht, wenn Sie gerade sind.
Scannen Sie den eigenen Körper in Gedanken von oben nach unten ab, um Ihre einzelnen Körperteile und deren Stellung und Spannungszustände zu spüren.

Horse Walking Ideen für ein motiviertes Miteinander

Entspannen durch Lächeln oder Lachen: Der Umgang mit dem Pferd macht Spaß!

Achtsam und konzentriert bleiben: Pferdearbeit ist Arbeit an sich selbst.

Handlungsfähig bleiben: Jedes Signal so bald wie möglich zurücknehmen und aufmerksam »nichts tun«. Nicht erstarren, festklemmen oder einfrieren.
Mit »offenen Antennen« abwarten, was das Pferd tut, wenn kein Signal des Menschen kommt – das Pferd soll mit dem fortfahren, was es gerade tut, wenn kein Signal für eine Änderung erfolgt.

Aufmerksamer wahrnehmen, schneller reagieren: Schnell genug eingreifen, wenn etwas aus dem Ruder zu laufen droht. Korrekturen im Ansatz erfordern wenig Aufwand, können jedoch nur rechtzeitig erfolgen, wenn der Mensch aufmerksam und losgelassen ist und schnell genug merkt, was das Pferd zu tun gedenkt. Aufmerksamkeit vom Pferd fordern und die gleiche Aufmerksamkeit auch dem Pferd schenken.

Den Druck rausnehmen: Keine zu ehrgeizigen Ziele verfolgen, mit kleinen Fortschritten zufrieden sein, sich nicht um Zuschauer scheren, auf das eigene Gefühl hören.

Mentales Training

Gute Kommunikation zwischen Mensch und Pferd kommt durch das Zusammenpassen vieler kleiner Puzzleteilchen zustande. Für beide Partner bedeutet das erhöhte Aufmerksamkeit, Achtsamkeit und Konzentration. Für den Menschen zusätzlich die Fähigkeit, seinen eigenen Körper und dessen Ausdruck ständig zu kontrollieren, um zu verhindern, dass er missverständliche Signale gibt. Bildhafte Vorstellungen von der gemeinsamen Bewegung und Ausrichtung der beiden Partner Mensch und Pferd im Raum können dabei extrem hilfreich sein. Mentales Training, bei dem eine beliebige Situation bis in alle Einzelheiten vorgestellt und durchgespielt wird, trainiert Reflexe und Reaktionsschnelligkeit fast genauso gut wie praktische Übungen und kann das Training »in Natura« hervorragend ergänzen und sogar teilweise ersetzen. Es kostet nämlich nur ein paar Minuten Zeit, sich immer wieder vorzustellen, was man wie in einer vorgestellten Situation tun möchte.

Es besteht ein direkter Zusammenhang zwischen der Konzentration des Menschen auf das Pferd und der Konzentration des Pferdes auf die Signale des Menschen. Ebenso zwischen der Energie des Menschen und der Energieentfaltung und Vorwärtstendenz des Pferdes – z. B. bei der Arbeit an der Longe. Aber Achtung: »Vorwärtstendenz des Pferdes« bedeutet nicht »davonrennen« und »nicht mehr zuhören«. Und »langsam« bedeutet nicht, dass das Pferd schlurft und die Füße durch den Staub zieht.

Bessere Konzentration durch schwächere Signale

Der Geführte muss sich auf die Körpersignale des Führenden konzentrieren. Die Konzentration kann sowohl über das Gefühl erfolgen (bei Körper- oder Zügelkontakt) oder auch über das Sehen (bei fehlendem Körperkontakt). Wenn wir die Menge und Intensität von Signalen verringern, haben wir den Effekt dass das Pferd sich stärker auf uns konzentriert.

Durchlässigkeit – Bewegung muss fließen

Auch für die Arbeit mit dem Pferd am Boden gelten die Begriffe der Ausbildungsskala. Gute Kommunikation braucht ein durchlässiges Pferd **und** einen durchlässigen Menschen. Durchlässigkeit bezieht sich dabei hauptsächlich auf die Gelenke und die Geschmeidigkeit der Bewegungsmuskulatur. Jede Bewegung mit steifen Gelenken wirkt eckig und erschwert sowohl schnelle Reaktionen als auch einen präzisen Ausdruck.

Zum Thema Durchlässigkeit gehört auch, Blockaden aufzuspüren und die »richtigen« Bilder in den Kopf zu bekommen.

Jede Art von Starre (auch mentale Starre) führt zur Bewegungsblockade im Mensch-Pferd-System.

Haltung ist Bewegung und Bewegung kann man nicht festhalten.

Eine schöne Übung auf dem Trampolin verdeutlicht, was passiert, wenn Gelenke festgehalten werden:

Versuchen Sie mit steifen, gestreckten Kniegelenken zu springen, oder mit einem ausgestreckten Arm (festes Ellbogengelenk) den Wasserbecher zu halten. Stellen Sie sich vor, Sie würden die Longe oder den langen Zügel auf diese Weise halten ... Das Ergebnis spricht für sich selbst. Eine sensible, weiche und reaktionsschnelle Führung ist damit nicht möglich.

Schneller reagieren: auch eine Sache der Wahrnehmung

Augen und Wahrnehmung

Das Erkennen eines Problems impliziert oft dessen Lösung. Erkannt werden Probleme bei der Bodenarbeit hauptsächlich mit den Augen. Zusammengekniffene Augen führen meist zu einem verkniffenen, zumindest gespannten Gesichtsausdruck. Weit offene Augen entspannen das Gesicht. Weit offene Augen erweitern zudem das Gesichtsfeld, also den Bereich, in dem wahrgenommen wird. Zur Erfassung eines Zusammenhanges sind die weit geöffneten Augen besonders gut geeignet. Wollen Sie ein spezielles Problem analysieren, so können Sie die Augen verengen und sich auf einen speziellen Ausschnitt Ihres Gesichtsfeldes konzentrieren.

Richtig sehen und bewerten

Durch ganzheitliches Sehen sollen Leitbilder und Idealvorstellungen des richtigen Bewegungsablaufes entwickelt werden.

Das »richtige Sehen« ist in Verbindung mit der grundlegenden Kenntnis des Pferdeverhaltens sowie der Anatomie des Pferdes der Schlüssel zu einem besseren Umgang mit dem Pferd.

Der aufmerksame Beobachter wird bei jedem Pferd in der Bewegung bestimmte Eigenheiten erkennen können, die es deutlich von anderen Pferden unterscheiden. Diese Eigenheiten sind

Wahrnehmen und bewerten: Das Pferd »macht eine lange Oberlippe«. Die Kontrolle passt ihm gar nicht. Man kann davon ausgehen, dass es seinen Unmut demnächst in irgendeiner Form herauslässt.

hauptsächlich bestimmt von Exterieur, Rasse und Temperament des speziellen Pferdes. Und sie sind je nach Tagesform etwas unterschiedlich. Darüber hinaus kann das geschulte Auge auch Disharmonien (von leichten Steifheiten, Taktunreinheiten bis zu deutlicher sichtbaren Lahmheiten) im Bewegungsablauf wahrnehmen.

Mehr Interesse = mehr Sehen – Erweiterte Wahrnehmung

Umfassende Wahrnehmung müssen viele Menschen erst lernen. Es geht dabei um eine sehr differenzierte Art des Sehens und Fühlens, und auch um ein In-Sich-Hineinhören, welche Emotionen das Wahrgenommene in uns auslöst.

Ein einfaches Beispiel sollte den Unterschied leicht verdeutlichen. Der oberflächliche Betrachter sieht einen Stamm, Zweige und Blätter. Er ordnet diese Konstellation in seinem Denken in die vorhandene Kategorie »Baum« ein. Das genügt ihm. Er hat daran kein weiteres Interesse. Der Naturinteressierte wird vielleicht sehen: Der Baum hat eine breite Krone, längliche Blätter mit vielfach gekerbtem, unregelmäßigem Rand und einen gefurchten Stamm – eine Eiche. Er untergliedert also seine Kategorie »Baum« mit weiteren Begriffen. Ein Künstler wird nun noch ganz andere Dinge wahrnehmen. Er wird das Grün der Blätter unterscheiden nach dem helleren Frühlingsgrün oder dem dunkleren Sommergrün. Er wird die spezielle Erscheinung der Baumes bei Regen, Wind oder Sonne betrachten, seinen Schatten je nach Sonnenstand beachten, die Struktur des Stammes bewundern usw. Der Förster wird hingegen wahrnehmen, ob die Blätter von Raupen angefressen sind, bestimmen, wie alt der Baum ist und prüfen, ob der Stamm gesund ist etc. Beide »sehen« also noch differenzierter. Der eine will den Baum vielleicht malen – ihn interessiert die Gesamtstimmung, die durch Abbildung des Baumes samt der Umgebung auf seinem Gemälde entstehen soll. Den Förster interessiert im Rahmen der Forstwirtschaft mehr, ob der Baum gesund ist und gutes (nutzbares) Holz liefern könnte.

Selektive Wahrnehmung

Alle vier »Sehenden« bekommen prinzipiell die gleiche Information auf Ihre Netzhaut. Jeder Mensch nimmt jedoch seine Umwelt selektiv wahr. Er sortiert aus, was ihn nicht besonders interessiert. Das »Mehr-Sehen« der beiden letzten Baumbetrachter im Gegensatz zum ersten, entsteht aus einem speziellen Interesse der letzteren und der daraus resultierenden Ausbildung von differenzierten Denk-Strukturen (Kategorien).

Idealbilder für den Sollzustand

Die differenzierte Wahrnehmung eines Künstlers kann auch der Pferdemensch erlernen. Er muss nur genug Interesse daran haben.

Wer nun den Umgang mit Pferden oberflächlich betreibt, wem es genügt, auf einem Pferd irgendwie oben zu bleiben, mit einem Pferd mehr schlecht als recht umgehen zu können, der wird nicht differenziert sehen lernen, denn es fehlt ihm das Interesse. Wer jedoch die sprichwörtliche Einheit von Mensch und Pferd, die Harmonie, sucht, der sollte beim Sehen-Lernen anfangen, um Harmonie oder Disharmonie in der Bewegung des Pferdes zu erkennen. Daraus erwächst schließlich ein Idealbild, wie eine ungestörte Bewegung eines Pferdes aussehen sollte. Diese bildhafte Vorstellung sollten Sie im Geiste als Sollzustand »abspeichern«, um sie jederzeit mit dem Istzustand vergleichen zu können.

Das »Sollbild« erleichtert den Vergleich, weil es als Ganzes aufgenommen und abgerufen wird. Würden Sie die einzelnen Faktoren einer Gesamtbewegung analysieren und sie als Einzelteile mit Vorzeichen »falsch« oder »richtig« abspeichern, so wären diese lange nicht so schnell abrufbar wie das Gesamtbild.

Reflex-Reaktionen

Schnell reagieren wir, wenn wir nicht erst lange nachdenken müssen. Wir nennen eine superschnelle, mehr oder weniger unbewusste Reaktion eine reflexhafte Handlung. Manche »Refle-

Differenzierte Wahrnehmung: Das Pferd fällt auf die innere Schulter. Es achtet nicht auf den Menschen und schaut nach außen.

Differenzierte Wahrnehmung: Das gleiche Pferd im ausbalancierten Galopp. Das innere Ohr ist auf den Menschen ausgerichtet; es hört ihm zu.

xe« sind sowohl dem Pferd als auch dem Menschen antrainierbar. Die meisten Reaktionen des Pferdes auf Hilfen des Reiters sind z. B. antrainierte Reflexe.
Die Mechanismen, die hinter einem guten Reaktionsvermögen stehen, sind die »Sollbilder« auf die der »Horse Walker« direkt, ohne nachzudenken, zugreifen kann und die er reflexartig umsetzt. Die meisten haben diese Erfahrungen in langen Jahren erworben, ohne recht zu wissen wie. Andere haben versucht, Bewegungsabläufe von Reitern und Pferden zu analysieren und daraus einen sinnvollen theoretischen Unterbau abzuleiten, aus dem heraus wieder so etwas wie ein Idealbild entsteht. Ein solches nur theoretisch-analytisch abgeleitetes Idealbild ist gefährlich, denn viele starre Formvorschriften resultieren daraus, die zwar nicht unbedingt falsch sind, jedoch nicht immer auf die jeweilige Situation passen. Zudem fehlt diesen Formvorschriften das Gefühl. Dieses intuitive Gefühl – ein Gespür für Zusammenhänge und Stimmungen und situationsgerechtes Handeln – ist zwar nicht von jedem gleichermaßen zu erlangen, prinzipiell aber auch erlernbar.

Einige wenige Menschen scheinen das »Händchen für Pferde« von Anfang an zu haben. Ich behaupte, sie haben einfach nur die bessere Beobachtungsgabe und ein eher aufs Bildhafte gerichtetes Denken, so dass sie einmal als richtig erkannte oder intuitiv erfühlte Bewegungsmuster schneller in eigenes reflexhaftes Handeln umsetzen können.
Es geht also darum, das Vorstellungsvermögen zu trainieren und Gedankenbilder von wünschenswerten Reaktionen sowie harmonischen Bewegungsabläufen zu entwickeln – die klassischen **Mechanismen des mentalen Trainings**.

Unvoreingenommen wahrnehmen

Sehen lernen sowie Wahrgenommenes richtig bewerten und einordnen bedeutet auch, nichts von vornherein auszugrenzen. Wie oft sind wir »betriebsblind«. D.h., wir verbauen uns durch vorgefasste Meinungen oder Vorurteile die objektive Sicht auf einen Vorgang. Nach dem Muster der Betriebsblindheit funktioniert das bedenkenlose Aufschauen zu einem idealisierten Vorbild, dessen Fehler man einfach nicht sehen will. Doch auch die Koryphäe macht Fehler und kann sich bisweilen irren, das als hochtalentiert eingestufte Pferd kann schlecht erzogen sein. Wer das erkannt hat, ist auf dem besten Weg zu einer unvoreingenommenen Sehweise.

Gesamtbilder erfassen – von der Gesamtheit zum Detail

Sehen-Lernen bedeutet, optisch von der Gesamtheit zu den Einzelheiten vorzudringen. Erst, wenn eine Disharmonie im Gesamtbild lokalisiert ist, können Sie die Aufmerksamkeit auf den Punkt konzentrieren, wo Sie deren Ursprung vermuten.

Betrachten Sie einzelne Körperpartien des Pferdes nacheinander ohne den Zusammenhang des Gesamteindrucks, so können sich diese jeweils in recht harmonischer Bewegung präsentieren. Trotzdem braucht die Gesamtbewegung nicht in Ordnung zu sein: Es ist z.B. möglich, dass der Bewegungsrhythmus der Vorhand nicht mit dem der Hinterhand übereinstimmt. Oder die Rückenbewegung wird durch ein festes Genick beeinträchtigt. »Brüche« im Bewegungsablauf und auch im Spannungsbogen gibt es häufig – bis in die höchsten Ausbildungsstufen hinein – am Boden und unter dem Reiter. Und genauso

häufig fragt man sich: »Warum sieht das denn keiner?«
Die Kopfhaltung ist neben der Verengung und Erweiterung des Gesichtsfeldes durch die Augen entscheidend für die Art der Wahrnehmung. Ein dauerhaft schräg gehaltener Kopf des Beobachters verzerrt das wahrgenommene Bild und verspannt den Nacken.

Versetzen Sie sich einmal in die Lage des Pferdes

Mit den Übungen Führen und Folgen haben Sie schon einen kleinen Einblick in die »Gefühlswelt« des Pferdes in der geführten Rolle bekommen.
Eine weitere aufschlussreiche Übung ist es, einmal die negative Wirkung von eng geschnallten Hilfszügeln auf die Beweglichkeit der Gelenke am eigenen Körper zu testen.
Laufen Sie mit rundem Rücken und tief hängenden Armen im Affengang vorwärts, beugen Sie dabei gut die Knie und machen lange Schritte. Das Gleiche versuchen Sie im Holkreuz mit in den Nacken gelegtem Kopf. Das mit den langen Schritten (dem weiten Vortreten der Hinterbeine beim Pferd) funktioniert schon nicht mehr so gut; und es fängt an, im Kreuz zu zwicken. Wenn Sie jetzt im Hohlkreuz versuchen, auch noch den Nacken zu beugen, kriegen Sie kaum noch ein Bein vors andere. Und genau das passiert meistens beim Einsatz von z. B. Schlaufzügeln. Das Pferd läuft im Hohlkreuz mit gebeugtem Genick – und wird immer steifer, weil es die Hinterbeine gar nicht richtig bewegen kann.

Festhalten bzw. Haltung erzwingen funktioniert also nicht

Gerade beim Longieren werden viele Pferde ausgebunden, um sie in eine bestimmte Haltung zu bringen oder besser kontrollieren zu können. Das kann in bestimmten Fällen sinnvoll sein, muss jedoch mit viel Fingerspitzengefühl und Sachverstand gemacht werden, will man Verspannungen beim Pferd vermeiden. Mit zweckmäßigen Übungen und präziser Körpersprache kann man oft auf Hilfszügel verzichten.

(Die Übungen und Erklärungen finden Sie auch ausführlich in folgenden Büchern und Videos: Kerstin Diacont & Andrea Löffler: »Die Ausbildungsskala für den Reiter« und »Richtiges Training – gesundes Pferd«; Kerstin Diacont: Videoreihe: »Einfach Reiten lernen I–III«)

links: entspanntes Laufen mit aufgewölbtem Rücken; mitte: Laufen im Holhlkreuz mit Bewegungseinschränkung bei der Schrittlänge; rechts: Hohlkreuz bei eingezogenen Kinn mit starker Einschränkung der Schrittlänge.

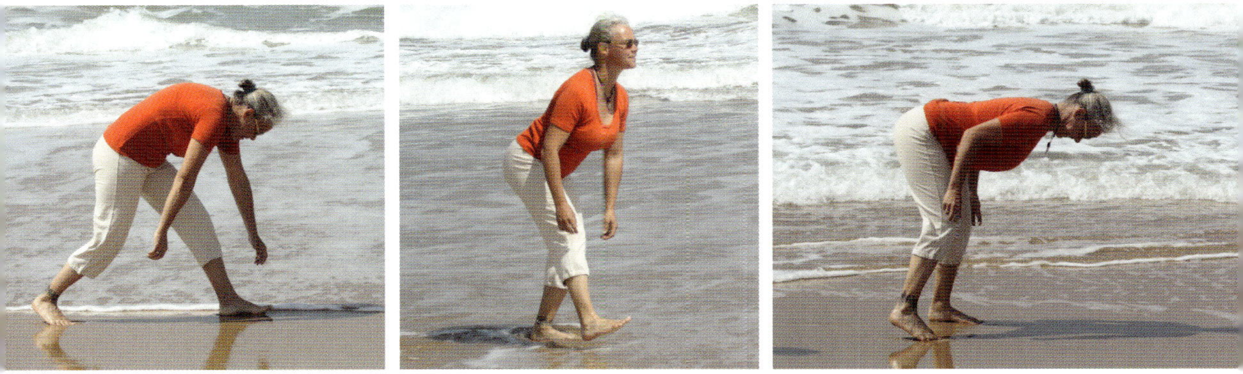

KAPITEL 8

Erziehungsarbeit: Die Aufmerksamkeit des Pferdes erreichen

Kommen wir jetzt zu den Übungen mit dem Pferd. Dazu gibt es im Kasten rechts eine kleine Begriffsbestimmung und Übungsempfehlung.

Beim Führen des Pferdes zeigt sich schon, wie die Beziehung zwischen Pferd und Mensch aussieht. Viele Pferde schlurfen unaufmerksam neben oder hinter ihren Menschen her; andere überholen sie dauernd oder drängeln gegen sie und treten ihnen womöglich auf die Füße.

Dulden Sie nicht, dass das Pferd in dieser Weise sein Desinteresse an Ihnen zeigt. Fordern Sie Aufmerksamkeit. Dabei gilt allerdings: Nur, was Sie selber geben, können Sie auch vom Pferd verlangen.

Schenkt das Pferd Ihnen bzw. der geforderten Aufgabe keine Aufmerksamkeit, so hat das Gewinnen der Aufmerksamkeit oberste Priorität. Stören Sie das Pferd so lange mit Signalen oder Störgeräuschen, bis es Sie anschaut. Dann lassen Sie es in Ruhe und loben es. In der Bewegung sollte das Seil oder die Longe dann keine Spannung mehr haben, weil das Pferd in leichter Innenstellung zu Ihnen schaut. Loben Sie es dann mit der Stimme. Soll das Pferd am Ende einer Übung stehen, und hat es seine Sache gut und aufmerksam gemacht, so können Sie es an der Stirn oder am Hals reiben oder auch einmal ein Leckerli geben.

Horse Walking Begriffsbestimmung

Führende und freie Hand

Die führende Hand ist immer die, die das Leitseil hält, und dem Pferd praktisch die Richtung zeigt. Die freie Hand kann mit Peitsche, Stick oder freiem Seilende arbeiten. Bei vielen Übungen müssen Sie schnell und präzise führende und freie Hand wechseln, damit Sie nicht überkreuz agieren müssen. Am einfachsten ist das, wenn man mit dem Seilende arbeitet. Mit Stick, Gerte oder Peitsche ist es schwieriger. Manche Pferde sind allerdings etwas distanzlos und lassen sich zu Beginn schwer auf Abstand halten. Das geht oftmals besser mit der längeren Peitsche. Probieren Sie es aus und finden Sie die Methode, die Ihnen und Ihrem Pferd am meisten entgegenkommt. Diese Methode kann sich jedoch im Verlauf der Ausbildung ändern.

Übungsempfehlung

Trainieren Sie mit dem Leitseil den Wechsel der führenden und freien Hand (die führende Hand leitet das Pferd in die gewünschte Richtung und hält Kontakt, die freie Hand arbeitet mit dem Seilpropeller). Beim Richtungswechsel (siehe dort) müssen Sie schnell umgreifen. Üben Sie das mit einem menschlichen Partner, der Pferd spielt, wie auch bei den Übungen Führen und Folgen im vorigen Abschnitt.

Störgeräusche können z.B. das Klatschen des Seilendes gegen den Stiefel oder die Chaps des Menschen sein, ein Peitschenknall, das Rascheln einer am Stick befestigten Plastiktüte. Oder verwenden Sie die Rassel-Spitze des Sticks. Sichtbare Störsignale sind z.B. kreisendes Seilende, wedelnde Gerte, erhobener Arm oder ein forscher Schritt auf den Körperteil des Pferdes zu, der ausweichen soll. Schaut uns das Pferd jedoch nicht an, so laufen die sichtbaren Störsignale ins Leere, und nur die Störgeräusche oder eine Berührung des Pferdes mit Peitsche oder Seilpropeller kommen an.

Beginnen Sie immer mit einem schwachen und »freundlichen« Anfragen und werden Sie lang-

sam massiver, wenn das Pferd Sie fortgesetzt ignoriert. Wichtig ist dabei immer, nicht einfach den Druck zu steigern, sondern immer in der »Intervalltechnik« zu arbeiten: Also Signal geben und wieder loslassen. Andernfalls lassen Sie sich schlimmstenfalls auf einen Ziehkampf mit dem Pferd ein, den Sie nur verlieren können.
Überraschen Sie das Pferd ruhig einmal, indem Sie etwas tun, was Sie vorher noch nie getan haben. Werden Sie kreativ im Erfinden veränderter Signale. Schwingen Sie Gerte oder Peitsche von unten nach oben, schlagen Sie mit dem Seilende oder der Peitsche auf den Boden. Es gibt viele Möglichkeiten, auf ungewohnte Weise zu agieren und den Routine-Trott zu unterbrechen.

Nur, wenn das Pferd aufmerksam ist, können Sie es mit Ihrer Körpersprache beinflussen.

Echte Kommunikation durch gegenseitige Aufmerksamkeit

Das Pferd soll bei der Arbeit auf die Körpersprache des Menschen reagieren und nicht mit Ausrüstung »verschnürt« werden, bis es sich kaum noch wehren kann. Dabei gilt ganz grob: Tut das Pferd nicht, was der Mensch von ihm will, so hat es ihn nicht verstanden oder es schenkt ihm nicht die nötige Aufmerksamkeit. Im zweiten Fall hat es den Menschen nicht als »weisungsbefugt« akzeptiert und eine Beziehungsklärung (siehe Übungen) muss erfolgen. Fehlende Aufmerksamkeit ist gut zu erkennen: Das Pferd schaut in der Gegend herum und weigert sich, den Menschen zur Kenntnis zu nehmen.

Insbesondere beim Verladen kann man das häufig sehen: Das Pferd dreht demonstrativ den Kopf weg vom Hänger. Hier kann man erst dann an der eigentlichen Aufgabe arbeiten, wenn man die Aufmerksamkeit des Pferdes wieder hat und das Pferd bereit ist, sich mit der gestellten Aufgabe auseinanderzusetzen. Um das zu erreichen, arbeitet man wieder mit »angenehm« und »unangenehm«. Das Pferd wird immer dann in Ruhe gelassen, wenn es den Blick auf die Aufgabe richtet. Und es wird mit »Störsignalen« geärgert, wenn es ihn abwendet. Engpass- und Verladetraining (siehe dort) sind gute Beispiele für die Fixierung der Aufmerksamkeit.

Stimmungsprüfung

Um keine kritischen Situationen zu provozieren, sollten Sie lernen, die Stimmung des Pferdes einzuschätzen. Pferde, die kurz vor der Explosion stehen, sollte man nicht zusätzlich unter Stress setzen (siehe auch Angstbewältigung). Einem »eingeschlafenen« oder ignoranten/unaufmerksamen Pferd sollten Sie jedoch klarmachen, dass es gefälligst auf Sie zu achten hat, wenn Sie etwas von ihm wollen.

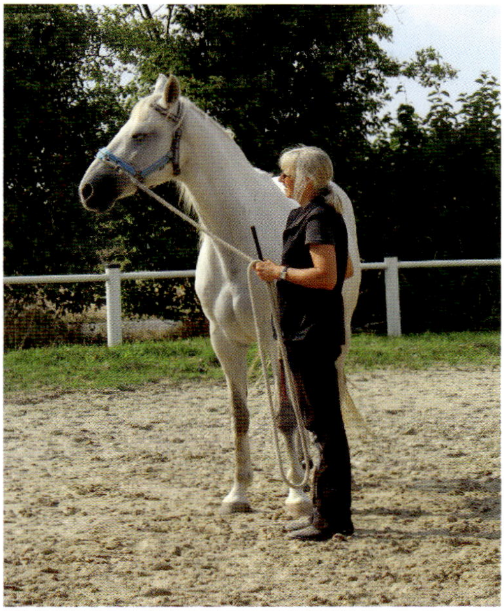

»Du kannst mich mal ...«. Von diesem Pferd darf man keine prompte Reaktion erwarten. Es wendet sich demonstrativ ab.

Viel Pferde-Psychologie und wenig Materialeinsatz kommen dabei zur Anwendung. Als einzig wirklich nötige Ausrüstung dienen ein (Knoten-)Halfter oder Kappzaum, ein schweres, nicht zu dickes, etwa 3,5 m langes Leitseil und bei Bedarf ein Stick oder eine kurze Fahrpeitsche.

Mehr nicht ?

Mehr nicht! – Zumindest, was die Ausrüstung betrifft.

Das wichtige »Handwerkszeug« sind Verständnis des natürlichen Pferdeverhaltens, genaues Beobachten des Pferdes und präzise, bewusste Körpersprache.

Präsenz zeigen

Gedanken- und Körperkontrolle

Was beim Horse Walking besonders wichtig ist, ist das grundsätzliche Verständnis der Rangordnung und der lebenswichtigen Faktoren Sicherheit und Schutz der einzelnen Herdenmitglieder durch die gesamte Herde, wie im ersten Kapitel dargestellt. Das Verhalten von ranghohen Tieren soll mit der eigenen Körpersprache nachgeahmt werden. **Zeigen Sie Präsenz** durch Körperspannung und Selbstbewusstsein. Gelingt dies, ist der Erfolg gesichert. Weil das Pferd dem Ranghöheren, der immer auch eine Schutzfunktion hat, vertraut und sich ihm freiwillig unterordnet, tritt Ungehorsam aufgrund von »Nichtwollen« kaum mehr auf. Sie können also bei geklärter Beziehung normalerweise davon ausgehen, dass ein Ungehorsam Ihres Pferdes meist auf »Nichtkönnen« oder »Nichtverstehen« basiert, dass Sie also zuviel verlangt oder sich dem Pferd gegenüber missverständlich ausgedrückt haben. Suchen Sie den Fehler immer zuerst bei sich selbst. »Scannen« Sie Ihren eigenen Körper von oben nach unten durch; horchen Sie in sich hinein und erkennen Sie, wo Sie selbst blockieren. **Überprüfen Sie Ihre Gedanken: Wer das Scheitern befürchtet, der wird scheitern.**

Einfache Grundsätze

Das Prinzip der Arbeit mit Pferden am Boden basiert auf einem einfachen Grundsatz des Herdenverhaltens, wie schon im ersten Kapitel erwähnt.

Das ranghohe Pferd bewegt das rangniedere.

Da Sie die Führungsposition einnehmen sollen, können Sie der Platz des Pferdes beanspruchen – egal, wo sich dieses gerade aufhält.

Praxis-Beispiel

Das Pferd steht irgendwo dösend auf dem Auslauf. Gehen Sie forschen Schrittes auf es zu und treiben es von diesem Platz weg.

Hat das Pferd bisher wenig Respekt vor Ihnen gehabt, wird es unter Umständen versuchen, sich stur auf diesem Platz zu behaupten. Wenn es das schafft, haben Sie die erste Runde im Rangordnungsspiel schon verloren – und werden vermutlich auch alle weiteren verlieren.

Forcierte Bewegung

Ein einfaches Hilfsmittel dafür, Ihrem Ansinnen Nachdruck zu verleihen, ist das lange Leitseil, das Sie wie einen Propeller in der Hand kreiseln lassen. (Siehe Kapitel Ausrüstung) Zunächst verleiht diese »scharfe« Bewegung des Seilendes allen anderen Bewegungen (also auch Ihrer Vorwärtsbewegung in Richtung des Pferdes) eine stärkere Bestimmtheit. Sollte dies nicht ausreichen, um beim Pferd Eindruck zu machen, so können Sie es mit diesem Propeller auch an Schulter oder Seite berühren, bis ihm das wiederholte Klatschen des kreisenden Seilendes zuviel wird und es das Feld räumt.

Der Vorteil des Seilpropellers gegenüber dem Stick liegt besonders bei schnellen Aktionen darin, dass Sie schneller und flexibler führende und freie Hand wechseln können. Bei manchen Übungen ist der Einsatz des Sticks besser, da präziser. Wem die Handhabung des Sticks sympathischer ist, kann auch durchgehend damit arbeiten. Wer beides ausprobiert hat, wird bei verschiedenen Pferden Unterschiede in den Reaktionen auf Seilende oder Stick feststellen können. Das eine Pferd wird besser auf Seilende, das andere besser auf den Stick oder die Gerte reagieren. Wie schon früher erwähnt, hat da jeder seine eigenen Vorlieben und es gibt keine allgemein gültigen Vorschriften, denn Stick und Seilende sind ja nur zweitrangige Hilfsmittel neben der Körpersprache.

Vorsichtsmaßnahmen

Behalten Sie bei dieser Vorübung Ihr Pferd sehr genau im Auge, denn es ist gut möglich, dass es sich zwar blitzschnell von seinem Platz entfernt, dabei aber ungnädig ausschlägt. Oder aber es versucht erst einmal, selbst der Ranghöhere zu sein und kommt auf Sie zu. Begegnen Sie der Drohung durch das Pferd in absolut aufrechter Haltung mit hocherhobenem Kopf sowie mit in

Mit einer klaren Idee von dem, was das Pferd tun soll, kann man die Hilfsmittel auf ein Minimum reduzieren.

Forcierte Bewegung beim Führen: Das Ohr des Pferdes ist zum Menschen gewandt und zeigt, dass es auf ihn achtet; es weicht mit der Schulter aus.

Forcierte Bewegung beim Richtungswechsel an der Longe. Das Pferd kommt von einem Zirkel auf der linken Hand und dreht gerade nach links, um rechte Hand weiter zu galoppieren.

Richtung des Pferdes ausgestrecktem Arm. Machen Sie möglichst einen Schritt auf das Pferd zu. (Lenken Sie das Pferd allenfalls durch einen Schritt seitwärts ab.) Weichen Sie jedoch einen Schritt zurück, so hat das Pferd einen Sieg in Sachen Rangordnung errungen.

Bei besonders renitenten Pferden sollten Sie statt des kreisenden Seilendes auf jeden Fall eine längere Peitsche verwenden und mit dieser wedeln oder auf den Boden schlagen, damit Sie sich nicht zu dicht in Reichweite der Hufe begeben müssen. Dazu ist es nötig, die Ausdehnung der »Gefahrenzone« zu kennen und auf heftige Reaktionen des Pferdes gefasst zu sein.

Anfangs ist es erst einmal völlig egal, in welche Richtung das Pferd von dem beanspruchten Platz verschwindet. Die weiterführende Arbeit nach diesem Konzept besteht darin, das Pferd nach einer bestimmten Richtung bzw. nur die Vorhand oder nur die Hinterhand des Pferdes ausweichen zu lassen.

Halfter oder Multifunktions-Kappzaum und Leitseil sind die Hilfsmittel der Wahl beim gezielten Ausweichtraining.

Bringen Sie das Pferd in eine entspannte, arbeitsfähige Grundhaltung

Obwohl das Pferd ein Herdentier und kein Einzelgänger ist, braucht es persönlichen Freiraum, um frei beweglich, d.h. notfalls fluchtbereit zu sein. Das müssen Sie bei der Arbeit beachten – insbesondere, wenn Sie an der Angstbewältigung (siehe dort) arbeiten, – um panische Reaktionen des Pferdes und damit unkontrollierbare Situationen zu vermeiden.

Zudem sollten Sie die Alarmstellung des Pferdes erkennen: Das Heben von Kopf und Hals versetzt das Pferd in Fluchtbereitschaft: Es verschafft sich mit aufgerissenen Augen, gespitzten Ohren und erhobenem Kopf einen Überblick. Es entlastet die Vorhand und spannt sich, um schnell in jede Richtung »durchstarten« zu können.

Daraus ergeben sich nun drei Grundforderungen für die Arbeit:

1. Holen Sie das Pferd aus der Alarmhaltung heraus.

Veranlassen Sie es, Kopf und Hals zu senken. Nur dann kann es seine Aufmerksamkeit auf Ihre Wünsche richten, denn dann ist es nicht mehr alarmiert und fluchtbereit, sondern hat Vertrauen in den Schutz, den Sie ihm bieten.

2. Lassen Sie dem Pferd Entscheidungsmöglichkeiten und einen Ausweg bzw. Fluchtweg.

Machen Sie dem Pferd alle Wege, die sich nicht mit Ihren Wünschen decken, unbequem.

Ein einfaches Beispiel: Sie wollen, dass das Pferd seitwärts nach rechts ausweicht: »Ärgern« Sie dazu das Pferd auf der linken Seite mit Seilende oder Stick. Verhindern Sie eine Vorwärtsbewegung durch wiederholtes Rucken am Halfter. Kurz: Machen Sie alle Richtungen (vorwärts, rückwärts, seitwärts links sowie das Stehenbleiben auf der Stelle) unangenehm für das Pferd. Prinzipiell kann sich das Pferd auch für eine der unangenehmen Richtungen entscheiden. (Sie haben es ja nicht festgebunden.) Es hat prinzipiell viele Auswege. Das Ausweichen nach rechts ist in diesem Fall aber die einzig bequeme Lösung – jeden Schritt seitwärts nach rechts belohnen Sie durch sofortiges In-Ruhe-Lassen. Alle anderen Richtungen machen Sie durch Störaktionen weiterhin unattraktiv. Sie sind zwar eine Alternative für das Pferd, jedoch keine angenehme. Es entscheidet sich schließlich für den von Ihnen gewünschten Weg.

Freiwillig

Besonders effektiv ist diese Art der Arbeit, weil das Pferd schließlich meint, sich aus eigenem Antrieb für die von Ihnen gewünschte Richtung entschieden zu haben. Es ist ein Schritt in Richtung freiwilliger Mitarbeit durch Verzicht auf sichtbaren Druck zugunsten der »psychologischen Kriegsführung«. Gerade bei starken Pferdepersönlichkeiten ist dies eine gute Methode, keine Widersetzlichkeiten aufgrund von zu deutlichen Zwangsmaßnahmen zu provozieren.

3. Arbeiten Sie auf Distanz; bedrängen Sie das Pferd nicht mit dem eigenen Körper.

Dirigieren Sie das Pferd in eine Richtung, vor der es deutlich Angst hat, und sind z.B. in einer Engstelle alle Ausweichmöglichkeiten von vornherein blockiert, so vermeiden Sie auf jeden Fall, zu dicht an das Pferd heranzugehen (siehe Übungsteil). Damit verhindern Sie, dass das Pferd als letzten Ausweg nur noch die Möglichkeit sieht, Sie umzurennen, um der Situation zu entkommen. Bei solchen Panikreaktionen ist die Verletzungsgefahr für Pferd und Mensch sehr groß.

Ein Abstand von etwa einem bis anderthalb Meter sollte meist genügen, damit sich das Pferd nicht bedrängt fühlt. Sein nötiger Freiraum ist gewahrt. Zwar kann sich die Übung eine Weile hinziehen, bis sich das Pferd entscheidet, in die gewünschte, »gefährliche« Richtung auszuweichen, aber es wird nicht versuchen, sich an Ihnen vorbeizudrängeln, weil es sich nicht bedroht oder eingezwängt fühlt.

Angst erzeugende Übungen, bei denen sich das Pferd schließlich (fast) aus eigenem Antrieb für die gewünschte Richtung entscheidet, sind ungemein vertrauensbildend.

Das Pferd merkt schnell, dass alles, was Sie als Vertrauensperson verlangen, ungefährlich ist,

Abhärten: Setzen Sie das Pferd Angst erzeugenden Situationen aus, wie hier die Gasse mit Flatterband, um ihm klar zu machen, dass alles, was der Mensch von ihm fordert, ungefährlich ist.

und wird Ihnen zunehmend mehr Vertrauen schenken, was wiederum Ihre ranghohe Position stärkt.

Angstüberwindung durch Abhärten

Das Abhärten ist die Fortführung der Maxime: in eine entspannte Grundhaltung bringen. Das Pferd wird bewusst Angst erzeugenden Situationen augesetzt; es darf sich dabei aufregen und wir bringen es durch eigenes »Ruhig-Bleiben« schließlich dazu, dass es wieder ruhig wird und den Kopf senkt. Das Aussacken, das die Westerneiter mit jungen Pferden machen, ist so eine Übung, desgleichen das Training auf vermeintlich »unsicherem Grund« (Plastikplanen, Wasser, Wippen).

Positive und negative Verstärkung

Lernen kann das Pferd sowohl durch negative als auch durch positive Verstärkung. Die Worte negativ und positiv haben hier keine wertende Funktion. Die oben beschriebene Methode, dem Pferd Unerwünschtes unbequem zu machen, und es durch Aufhören des negativen Reizes zu belohnen, ist die Methode der negativen Verstärkung.

Bei der positiven Verstärkung braucht es etwas mehr Geduld. Wir beobachten das Pferd sehr genau in seinen Reaktionen, warten, bis es etwas anbietet, was wir haben wollen, und belohnen diese Aktion dann mit Streicheln, lobenden Worten oder Futter. Dazu etablieren wir ein verbales Kommando. Im Clickertraining wird z.B. mit positiver Verstärkung gearbeitet.

Der Erfolg beider Methoden ist abhängig vom »richtigen Belohnen«.

Richtig belohnen und das Richtige belohnen

Klingt erst einmal »doppelt gemoppelt«, sind aber tatsächlich zwei unterschiedliche Dinge.

Das Erste bezieht sich auf die Art der Belohnung. Pferdegerechte Belohnungen sind z. B.

1. Kleine Leckerbissen für erwünschtes Verhalten

Diese Art der Belohnung ist auch für den Laien nachvollziehbar. Wie wir noch sehen werden, gibt es jedoch andere Formen der Belohnung, die bisweilen effektiver sein können.

Das Füttern des Pferdes zur Belohnung ist ein durchaus legitimes Hilfsmittel. Es birgt jedoch bei manchen Pferden die Gefahr, dass sie sehr aufdringlich werden. Verabreichen Sie Leckerbissen sehr gezielt und nur für besondere Leistung. Lassen Sie das Pferd auf keinen Fall mit der Nase in Ihren Taschen nach Leckerlis stöbern. Es darf seine Belohnung nicht selbst fordern.
Zudem müssen Sie weitere Belohnungsarten etablieren, denn Sie können sich nicht immer Mengen von Leckerlis in die Tasche stecken.

2. Ruhepausen · Entspannung · Erleichterung · Steigerung des Selbstbewusstseins

Angemessen lange Ruhepausen sind eine sehr sinnvolle Belohnung. Nach einer schwierigen oder angstbesetzten Lektion lassen Sie das Pferd einfach eine Weile ruhig stehen, damit es das Geschehene verarbeiten kann. Diese Pause gibt dem Pferd Gelegenheit, sich nach einer »spannenden« Übung zu entspannen. Diese Entspannung ist sehr wichtig für sein Wohlbefinden. Oft

Achten Sie darauf, dass das Pferd seine Belohnung nicht aktiv einfordert, wenn Sie mit Leckerlis arbeiten.

beginnen die Pferde dann zu kauen: ein deutliches Zeichen, dass die Rädchen im Gehirn rattern. Es gilt: Entspannung = Wohlbefinden = Belohnung.
Wenn das Pferd eine Übung absolviert hat, vor der es große Angst hatte, so empfindet es nach dieser Lektion neben der Entspannung auch Erleichterung. Etwas »trotzdem« zu tun und damit erfolgreich zu sein, steigert das Selbstbewusstsein – bei Menschen wie Pferden.

3. Sicherheit vermitteln

Die Ruhe des Ausbilders in jeder Situation gibt dem Pferd das Gefühl, dass ihm nichts passieren kann. Hektisches Herumschreien oder unnötige, abrupte Bewegungen verunsichern das Pferd genauso wie übertriebenes Tätscheln und Um-das-Pferd-Herumwuseln nach einer beendeten Übung. All diese Signale zeigen nämlich dem

Oft reicht es auch schon, freundlich mit dem Pferd zu sprechen, um es zu belohnen.

Entspannung = Belohnung. Bringen Sie das Pferd dazu, den Kopf zu senken und zu entspannen; das empfindet es auch als Belohnung.

Pferd, dass die Situation seinem »Chef« selbst nicht geheuer ist.

Beschränken Sie sich während einer Übung auf die unbedingt nötigen Bewegungen und Signale und versuchen Sie wirklich souverän und ruhig zu bleiben. Sind Sie selbst unsicher und ängstlich, zeigt sich das dem Pferd in jeder Ihrer Bewegungen und in Ihrer Stimmlage.

Belohnen Sie das Pferd nach einer erfolgreich beendeten Übung, wie schwer sie auch immer gewesen sein mag, indem Sie ruhig stehen, dem Pferd über Stirn und Nase streichen und es dann kurz zum Nachdenken (das Pferd macht dabei Kaubewegungen) sich selbst überlassen.

4. Beruhigende Stimme

Dieses Hilfsmittel ist sicher den meisten hinreichend bekannt. Pferde reagieren sehr empfindlich auf die Stimme – vor allem auf die Stimmlage, welche die Emotionen des Sprechers transportiert. Leises Zureden mit tiefer Stimme und langgezogenen dunklen Lauten, wie O, U und A empfinden sie als angenehm und beruhigend.

5. Angenehmes arttypisches Verhalten imitieren

Legen Sie dem Pferd den Arm über den Hals, so imitieren Sie das Verhalten einer Pferdemutter, die ihr Fohlen schützt. Mein Wallach Calvados steckt z. B. immer die Nase bei mir in die Armbeuge und lässt sich mit der anderen Hand die Stirn kraulen. So kann er minutenlang stehen bleiben, wenn er entspannt ist.

Weitere arttypische Liebkosungen sind: das »Anpusten« des Pferdes an den Hals oder in die Nüstern, das Imitieren der Fellpflege durch festeres Kraulen des Pferdes am Mährenkamm in

Viele Pferde lieben es und empfinden es als Belohnung, wenn man die »Energie ausstreicht«. Mit flachen Händen am Hals entlang über die Schulter bis zum Vorderfußwurzelgelenk streichen. Und über Rücken und Kruppe bis zu den Sprunggelenken hinunter.

Widerristnähe oder des Kraulen hinter oder zwischen den Ohren.
Jedes Pferd hat jedoch andere Stellen, an denen es besonders gern gestreichelt oder gekrault wird. Diese Stellen gilt es herauszufinden.

Das Zweite meint: genau zum richtigen Zeitpunkt zu belohnen, nämlich dann, **wenn das Pferd »die richtigen Schlüsse«** gezogen hat.
Oft sieht man, dass Pferde getätschelt und gestreichelt werden, wenn sie sich aufregen – in der meist irrigen Annahme, dass man sie damit zur Ruhe bringen könnte. Sinnvoller ist es, einfach souverän abzuwarten, bis das Pferd sich wieder beruhigt und es dann zu belohnen. Es wird also das Zur-Ruhe-Kommen belohnt und nicht das Aufregen.

Wissen, was man dem Pferd zumuten kann – rechtzeitig aufhören

Oft ist es nicht so wichtig, was genau man tut, sondern vielmehr, wann man damit aufhört, etwas zu tun. Überfordert man das Pferd mit einer zu schwierigen Übung oder bricht man Übungen an der falschen Stelle ab, so zieht das Pferd falsche, das heißt unerwünschte Schlüsse. Es bildet falsche Verknüpfungen, wenn – dann ...

Freundlichkeit, Höflichkeit, Selbstbeherrschung

Pferde sind extrem sensibel. Sowohl körperlich als auch psychisch. Überfallen Sie also das Pferd nicht mit Ihren Signalen, sondern beginnen Sie mit einem »Flüstern«, nicht mit einem »Schreien«. Wer schreit hat unrecht – oder er hat Angst, dass er ignoriert wird. Das gilt für Stimme und Körpersprache gleichermaßen. Souveräne Menschen sprechen eher leise (aber deutlich) und setzen auch ihre Körpersprache dezent ein. Wildes Herumgefuchtel zeigt Unsicherheit. Wie bei Pferden auch: Zappelige Pferde wissen nicht so recht wohin mit ihrer nervösen Energie.
Immer erstmal freundlich fragen, nicht gleich aggressiv fordern, ist die Devise.

Autorität, Erziehung

Eine lasche Erziehung des Pferdes, bei dem der Mensch hin und wieder nachgibt und im Geiste sagt »ach, das arme Pferd hat Angst, lassen wir es lieber in Ruhe«, nimmt dem Pferd das Vertrauen. Ein Ausbilder, der bei der grundsätzlichen Erziehung des Pferdes Fehler macht, muss viel öfter Druck ausüben, um sein Pferd zu kontrollieren, weil es keinen Respekt vor ihm und deswegen auch kein Vertrauen zu ihm hat und in der Folge seine Wünsche und Signale immer wieder in Frage stellen wird.

Eine »strenge« Erziehung bedeutet nun auf keinen Fall Brutalität gegenüber dem Pferd, sondern eher eine Art von lächelnder Sturheit seitens des Menschen nach dem Motto: »Lass dir Zeit, soviel du willst – am Ende machst du doch das, was du sollst.«

Was tun, wenn es nicht funktioniert?

Bisweilen wird es sich nicht vermeiden lassen, das Pferd zurechtzuweisen. In manchen Situationen muss klar sein: Bis hierher und nicht weiter. Deswegen kommen wir hier zum Thema »verständliche Strafen« bzw. »Ermahnungen«.

1 Laute Stimme

Sensiblen Pferden reicht als Ermahnung das Erheben der Stimme und das Verwenden von kurzen, harten Lautfolgen, wie ein knappes »Nein« – oder in der Verstärkung ein Anschreien. Schreien Sie jedoch dauernd herum, schottet sich das Pferd gegen die dauernde »Lärmbelästigung« ab.

2. Groß werden

Eine drohende Haltung, vermehrtes Aufrichten, deutliche Gesten mit erhobenen Armen und eine gezielte Bewegungsrichtung strafen das Pferd zwar nicht direkt. Sie flößen ihm jedoch Respekt ein – was oft schon genügt, um ein unerwünschtes Verhalten zu unterbinden.

Um das Pferd zum Ausweichen rückwärts zu veranlassen, richten Sie sich vermehrt auf und zielen mit Ihrer Energie auf die Brust des Pferdes. Stellen Sie sich vor, wie sich das Pferd rückwärts bewegt. Mit dem Stick können Sie zusätzlich die Brust berühren bzw. dorthin zeigen, wenn das Pferd schon zu weit weg ist.

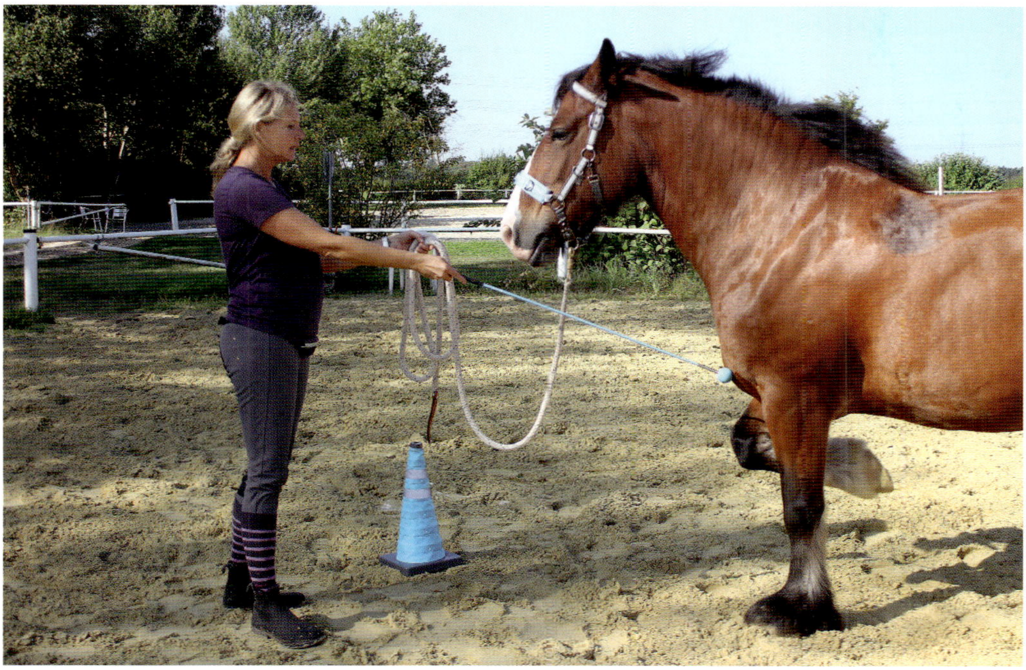

3. Klaps mit Stick, Gerte oder Peitsche

Diese können notfalls als Strafe eingesetzt werden. Tun Sie es jedoch nur selten, denn in erster Funktion sollen sie der Hilfengebung als verlängerter Arm des Menschen dienen. Hat das Pferd Angst vor diesen Hilfsmitteln, so wird es versuchen, vor ihnen davonzulaufen. Die Möglichkeit, sie gezielt als Hilfe einzusetzen, entfällt damit. Strafe mit Stick, Gerte oder Peitsche meint ein Anschnicken des Pferdes mit der Peitschenschnur oder einen kurzen, gezielten Klaps – auf keinen Fall aber ein Verprügeln des Pferdes.

Sie können auch mit der Peitsche auf den Boden schlagen. Bei vielen Pferden bringt das schon eine Reaktion.

4. Ruck am Halfter

Strafe soll unangenehm sein. Zerren Sie dem Pferd am Kopf herum, so ist dies sicherlich unangenehm. Als Strafe können kurze, harte Rucks auf die Nase bzw. das Genick des Pferdes dienen, wenn es z.B. vorwärts stürmt. Wie bei den Peitschenstrafen gilt jedoch: Rucken Sie nicht dauernd am Kopf des Pferdes herum, denn es stumpft dabei auf dieses Signal ab. Auf keinen Fall darf das Rucken in dauerndes Ziehen ausarten, denn dabei veranstalten Sie schnell ein Tauziehen mit dem Pferd, das Sie aufgrund Ihrer geringeren Körperkräfte nur verlieren können.

5. Imitation artspezifischer Strafen

Betrachten Sie eine Pferdeherde und sehen, wie ein ranghohes Tier das rangniedere in seine Schranken verweist, manchmal auch scheinbar grundlos »schikaniert«, so können Sie sich bedenkenlos einiges davon abschauen. Ein Huftritt ist leicht durch einen Fußtritt zu imitieren – ein Biss durch ein Knuffen mit dem Ellbogen. Dem Laien werden solche Strafen immer recht roh vorkommen. Das Pferd jedoch wird sie gut einordnen können, entlehnt man sie doch direkt aus der Herdenkommunikation. Wie alle anderen Strafen sollten Sie sie selten anwenden – einen Knuff mit dem Ellbogen an den Hals oder an die Schulter, wenn das Pferd beim Führen gegen Sie drängelt. Oder ein »Anklopfen« mit dem Stick an die Rippen oder an die Hinterhand, wenn es versucht, Sie zu treten oder zu beißen oder auf die Aufforderung, zur Seite zu treten, durch aufsässiges Gegendrängen reagiert.

Antiautoritär – nein, danke! Rechtzeitig Grenzen setzen

Eine Zurechtweisung zur rechten Zeit zeigt dem Pferd seine Grenzen. Versäumen Sie, das Pferd rechtzeitig in seine Schranken zu verweisen, so brauchen Sie später sehr viel härtere Maßnahmen, um es unter Kontrolle zu halten. Ein Pferd, welches Sie nicht kontrollieren können, wird jedoch zu einer Gefahr. Nun sind die meisten Pferde sehr gutmütig und verzeihen viele Erziehungs-Fehler des Menschen. Pferde mit sehr starker Persönlichkeit werden durch erst nachlässiges und später gezwungenermaßen zu hartes Verhalten des Ausbilders jedoch manchmal

Aufrecht bleiben und emotionslos auf der Forderung (das Pferd soll im Kreis seitwärts treten) beharren. Sich selbst möglichst wenig bewegen dabei.

zu dem, was man landläufig »Verbrecher« nennt. Sie haben erst gelernt, dass sie der Ranghöhere in der Mensch-Pferd-Beziehung sind, weil ihnen nicht sofort Grenzen gesetzt wurden, und kämpfen später um diesen Rang.
Ein Pferd kann man nicht antiautoritär erziehen – das entspricht nicht seiner Natur.

Emotionslos

Eine »gute« Strafe soll immer emotionsfrei sein. Wenn Sie sich über das Pferd ärgern und es aus dem Ärger heraus strafen, werden Sie schnell ungerecht. Es ist natürlich manchmal schwierig, sich vom Pferd nicht ärgern zu lassen. Genau dies zeichnet jedoch einen guten Ausbilder aus – schnelles Erkennen, wenn etwas aus dem Ruder zu laufen droht, mit sofortiger, adäquater Reaktion, jedoch ohne sich groß darüber aufzuregen. Lächelnde Nachsicht mit dem »Schüler« Pferd ist gefragt. Ein jähzorniger, unbeherrschter Mensch bleibt am besten ganz von Pferden weg. Wer sich selbst nicht unter Kontrolle hat, sollte nicht denken, mit Pferden vernünftig umgehen bzw. sie erziehen zu können.

Horse Walking **Strafen**

Effektive Strafen erfolgen sofort, sind gerecht (dem »Vergehen« des Pferdes angemessen) und emotionsfrei.

Reflexhandlungen und antrainierte Reflexe

Es gibt Situationen, in denen Ihnen kaum Zeit bleibt, bewusst zu reagieren. Sie werden unter Umständen hin und wieder aus einem Reflex heraus handeln. Eine solche »Reflexhandlung« kann durchaus zweckdienlich sein, wenn der richtige Reflex »antrainiert« wurde, denn sie kommt unverzüglich. Bedingte (trainierte) Reflexe oder auch abrufbare »Leitbilder« können durch eigene Erfahrungen entstehen oder aber auch durch Beobachten und Analysieren des Verhaltens von Anderen. Überlegen Sie sich, wie Sie in bestimmten Situationen reagieren würden, welche Reaktion sinnvoll und richtig wäre und ob sich beides deckt. Versuchen Sie ein Gedankenbild von der richtigen Reaktion zu erzeugen und ordnen Sie es einem potenziellen Verhalten des Pferdes zu.
Eine Reflex-Strafe, die von Wut und Schmerz gesteuert ist, weil das Pferd Ihnen z.B. gerade auf den Fuß gesprungen ist, ist selten angemessen. Richtig wäre, sich diese Situation vorzustellen (sie kommt ja nun häufig genug vor) und daraus ein abrufbares Leitbild für die eigene richtige Reaktion zu machen. Dies könnte so aussehen: Das Pferd tritt mir auf den Fuß. Es verletzt damit meinen persönlichen Bereich als »Leittier«. Ein ranghöheres Pferd würde ihm dafür einen Huftritt oder einen Biss verpassen. Ich als Mensch kann ihm daher mit dem Ellbogen in die Rippen oder an die Schulter knuffen. Speichern Sie diesen Gedankengang als »Bild«, so können Sie die Handlung sehr schnell abrufen – auch, wenn Ihnen bis zu diesem Zeitpunkt noch kein Pferd auf dem Fuß stand.

Ablenken statt Strafen

Bisweilen bekommt man es mit »Widersetzlichkeiten« zu tun, von denen man nicht weiß, wie und wo sie entstanden sind. Ein Pferd, das eine »Untugend« bei dem Menschen, der vorher mit ihm umgegangen ist, »erlernt« hat, wird eine Strafe dafür möglicherweise nicht akzeptieren.

Es versteht ja nicht, dass es auf einmal für etwas bestraft wird, was es vorher durfte.
Wollen Sie das Pferd in einem solchen Fall nicht von Anfang an gegen sich aufbringen, so versuchen Sie, das unerwünschte Verhalten nicht zu provozieren oder – wenn es doch auftritt – das Pferd davon abzulenken.
Ist eine Untugend nicht gefährlich, so können Sie sie auch ignorieren – manchmal verschwindet sie von allein, wenn das Pferd keinen Widerstand spürt.

»Das darfst du nicht, aber ich bin trotzdem dein Freund«

Sie können dem Pferd eine notwendige Zurechtweisung »versüßen«, wenn Sie ihm nach der Strafe eine kurze »Nachdenkpause« gönnen und ihm kurz nach der Pause einen Leckerbissen geben. Dieses Verfahren ist jedoch umstritten. Es kann sinnvoll bei Pferden sein, die sich leicht ärgern lassen und die man nach einer Strafe wieder ein wenig kooperativ stimmen muss, um die Arbeit fortzusetzen. Die »Nachdenkpause« sollte jedoch immer lang genug sein, damit das Pferd die begründete Strafe deutlich vom Leckerbissen trennen kann.

Absichten des Pferdes rechtzeitig erkennen

Als Fluchttier muss ein Pferd schnell reagieren – für den Menschen oft zu schnell ... Wenn das Pferd zu einer unerwünschten Aktion ansetzt, kommt manche Gegenmaßnahme zu spät. Eine potenzielle Korrektur muss deswegen schon eingeleitet werden, wenn das Pferd seine Absichten verrät. Dies tut es fast immer rechtzeitig, Sie müssen nur die Zeichen erkennen. Für die Bodenarbeit bedeutet dies noch mehr als bei der Arbeit unter dem Reiter (bei der ja durch den direkten Kontakt viele Absichten des Pferdes erfühlt werden können): mit voller Konzentration bei der Sache sein und nicht nebenbei ein Schwätzchen halten. Kurze Momente der Unaufmerksamkeit beim Menschen nutzt so manches Pferd, um seinen eigenen Weg zu gehen. Passiert so etwas mehrmals, lernt das Pferd sehr bald, dass es erstens schneller ist als der Mensch und zweitens stärker.

Ein Zugeständnis an das »Bewegungstier« Pferd ist die Überlegung, keine »Ausraster« zu provozieren, wenn man weiß, dass das Pferd eine Weile wenig Bewegung gehabt hat und »vor Kraft platzt«. Man sollte ihm dann die Möglichkeit geben, sich frei, ohne Longe, im Spiel auszutoben, bevor es an ernsthafte Arbeit geht. Insbesondere im Gelände ist es nicht angesagt, wenn sich das Pferd losreißt und selbständig macht.

Spielerische Motivation

Ausgeprägter Spieltrieb und Neugier können oft als Gradmesser für die Intelligenz des Pferdes dienen. Sie erleichtern einerseits die Arbeit mit dem Pferd, weil es an vielen Dingen interessiert ist und schnell lernt. Sie erschweren die Ausbildung jedoch andererseits in gewisser Weise, weil sich das Pferd genauso schnell langweilt und nicht mehr auf die Bereiche konzentriert, die gerade auf dem »Programm« stehen. Das Trainingsprogramm sollte immer wieder abgewandelt werden, wenn das Pferd kein Interesse mehr zeigt.

Sie können Ihr Pferd motivieren, indem Sie mit ihm spielen. Dies wird zwar von manchen abgelehnt, weil sie der Meinung sind, dass das Spielen mit dem Pferd die Autorität des Menschen unter-

Spielerisches Training: Das Pferd hat Spaß an den schnellen Richtungswechseln und setzt ganz ohne Zwang die Hinterbeine unter, um sich auszubalancieren.

gräbt. Betrachtet man jedoch das Herdenverhalten, so spielt der Ranghöhere durchaus mit dem Rangniederen – was ihn nicht daran hindert, ein paar Minuten später seinen Spielgefährten vom Futter weg zu beißen. Sein Rang ist mit diesem Spiel keineswegs in Frage gestellt. Das bedeutet also, dass auch der Mensch ohne Autoritätsverlust mit dem Pferd spielen kann. Im Spiel können Sie viele Talente des Pferdes erkennen. Sie müssen jedoch während des Spiels das Pferd sehr genau beobachten, denn die Grenzen zwischen harmlosem Spiel und beginnender Aufsässigkeit des Pferdes sind fließend. Es muss schon vorher geklärt sein, dass z.B. Anrempeln und Umrennen tabu sind, und dass der Mensch das Spiel beginnt und es auch beenden kann.

Sie müssen dran glauben! Die selbst erfüllende Prophezeiung

Viele Übungen gelingen nicht, weil der Mensch nicht daran glaubt, dass sie gelingen. Er hat im Innersten Zweifel, ob das Pferd z.B. auch anhalten wird, wenn er es verlangt. Und diese Zweifel spürt das Pferd, weil sie sich in unserer Körperhaltung ausdrücken – und läuft weiter. Tatsächlich ist es so, dass Lenkung und Kontrolle des Pferdes mit Gedankenkraft funktionieren. Ein klares (positives) Bild der gemeinsamen Bewegung im Raum oder auch des Stoppens der Bewegung, die Konzentration auf das, was ich will, und was das Pferd tun soll, ist notwendig. Habe ich die Befürchtung im Kopf, was passieren könnte, z.B. dass das Pferd die Aufforderung zum Anhalten ignoriert, wird genau das passieren.

KAPITEL 9

Praktisches Ausweichtraining

Sechs Ausweichmanöver

Prinzipiell hat das Pferd 6 Möglichkeiten des Ausweichens: nach vorne, nach hinten, zur Seite nach rechts oder links, nach oben und nach unten.

Ihre Aufgabe besteht nun darin, das Pferd so zu schulen, dass es präzise in die von Ihnen gewünschte Richtung ausweicht. Die Ausweichmöglichkeiten nach oben und unten sind dabei vorerst zu vernachlässigen – sie werden später gebraucht, wenn das Pferd an der Hand im bergigen Gelände oder an kleinen Auf- und Absprüngen gearbeitet werden soll oder aber für Kunststückchen in der Freiheitsdressur. Wichtig sind für den Anfang die anderen vier Richtungen – nach vorne, hinten, rechts und links. Damit können Sie das Pferd sicher steuern.

1. Nach vorne – Holen Sie das Pferd zu sich heran

Dabei stehen Sie 2–3 m vom Pferd entfernt, schauen es frontal an und ziehen leicht am Seil. Die Reaktion des Pferdes kann nun unterschiedlich sein.

1. Es bleibt bockbeinig stehen und gibt dem Druck hinter den Ohren durch Langmachen des Halses ohne sonstige Vorwärtsbewegung nach. In diesem Fall handhaben Sie den Strick ähnlich wie ein Gummiband: Erhöhen Sie langsam den Zug und geben immer mal wieder leicht nach, um zu testen, ob das Pferd sich evtl. nur gegen den Druck wehrt und bei Wegfall des Druckes von allein käme. Reagiert es nicht, so wird wieder Zug aufgebaut, bis ihm die Sache zu unangenehm im Genick wird und es einen Schritt nach vorne geht. Nach dieser Reaktion geben Sie sofort am Strick nach. Noch besser ist, schon

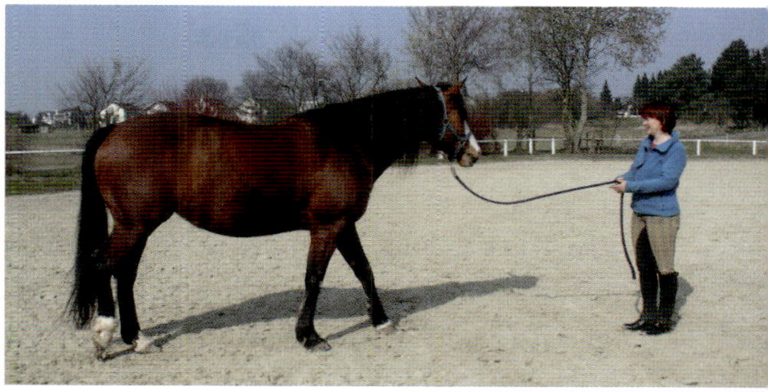

Das Pferd zu sich heranholen.

während der Bewegung nachzugeben. Das Pferd verbindet den Schritt nach vorne mit etwas Angenehmem, dem Aufhören des Druckes im Genick. Weitere Schritte nach vorn können Sie dem Pferd nun auf die gleiche Weise entlocken. Schon nach kurzer Zeit wird es mehrere Schritte auf Sie zugehen. Geben Sie immer sofort nach, sobald das Pferd auch nur den Ansatz einer Vorwärtsbewegung zeigt. Idealerweise geben Sie schon nach, wenn es einen Vorderhuf hebt.

Sobald das Pferd stehen bleibt, wird wieder Zug aufgebaut. Schon nach sehr kurzer Zeit gibt es selbst dem leichtesten Zug durch eine Vorwärtsbewegung nach. Stellt es sich sehr stur, kann man evtl. ein Tritt zur Seite fordern, damit es überhaupt erst einmal reagiert.
Hat es Sie erreicht, loben Sie es und lassen es eine Weile völlig ruhig stehen. Damit zeigen Sie ihm das Ende dieser Übung an. Beenden Sie möglichst jede Übung mit diesem ruhigen Stehen-Lassen.

2. Es kommt sofort zu Ihnen, lässt sich aber nicht stoppen und hält keine Distanz, wenn Sie es dazu auffordern.
Bei solchen Pferden sollten Sie vor allem am präzisen Anhalten und am Rückwärts-Wegschicken arbeiten (siehe Abschnitt »Nach hinten«).

1.1. Nach vorne – Kopf tief

Eine Variante der Heranhol-Übung ist es, den Kopf des Pferdes »herunterzubringen«.
Gehen Sie dabei vor dem Pferd in die Hocke und üben von unten in der eben beschriebenen Manier Druck auf das Genick des Pferdes aus, bis das Pferd mit der Nase den Boden berührt. Will es den Kopf unaufgefordert heben, so folgt sofort wieder ein leichter Zug am Strick. Nach kurzer Zeit wird das Pferd den Kopf am Boden lassen, solange der Ausbilder kein gegenteiliges Kommando gibt. Etablieren Sie das verbale Kommando »Kopf-tief« oder »Nase-tief«, können Sie diese Reaktion auch auf Entfernung abrufen.
Mit dieser Übung können Sie dem Pferd erstens das Nachgeben auf Druck beibringen und haben zweitens die Möglichkeit, die Rückenmuskulatur am stehenden Pferd zu entspannen.

Diese Übungen des Nachgebens auf ausgeübten Druck sensibilisieren das Pferd mit der Zeit, sodass es schon dem Ansatz eines Drucks oder Zugs nachgibt.

Manuelle Entspannung

Das Kommando »Kopf tief« kann sehr hilfreich sein, wenn Pferde nervös und unaufmerksam sind. Damit kann man sie schnell wieder entspannen. Eine andere Möglichkeit, überschüssige Energie bzw. Verspannungen bei der Arbeit loszuwerden besteht darin, »Energie auszustreichen«. Streichen Sie dabei mit der flachen Hand langsam vom Hals über die Schulter zu den Vorderbeinen hinunter und danach über den gesamten Rücken und die Kruppe bis zum Sprunggelenk. Das Ganze mehrfach auf beiden Seiten (siehe auch Bild Seite 94).
Damit können Sie schnell wieder eine »arbeitsfähige entspannte Grundhaltung« herstellen.

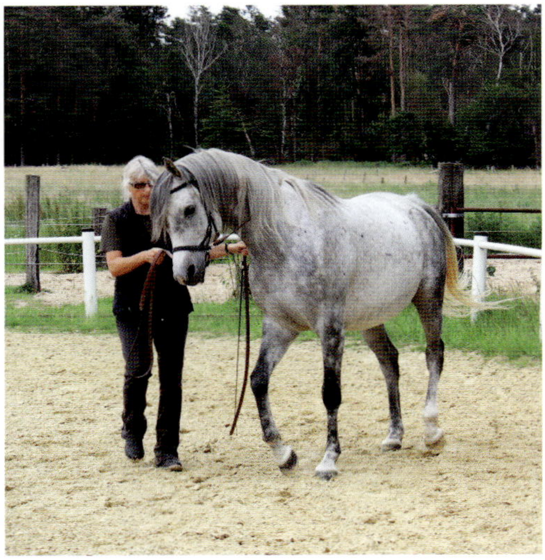

Eine Variante des Führens von hinten ist die klassische Handarbeit (siehe Kapitel 11), hier beim Schulterherein im Trab.

1.2. Nach vorne – Schicken Sie das Pferd vor sich her

Sie treiben es dabei in ähnlicher Weise, wie es der Leithengst einer Herde tun würde.
Sie stehen schräg hinter dem Pferd, haben es am langen Strick und schicken es durch das kreisende Seilende oder ein Anklopfen mit dem Stick nach vorne. Die Arbeit am langen Zügel bzw. das Fahren vom Boden und auch das Longieren basiert auf diesem Führen von hinten. Nehmen Sie bei Bedarf Ihre Stimme zu Hilfe. Reden Sie mit Ihrem Pferd, aber »schwätzen Sie es nicht tot«.
So können Sie mit dem Pferd dann eine Weile spazieren gehen – auch im Gelände.

Nun treten bei dieser Art des Führens natürlich auch Probleme auf: Das Pferd will an diesem oder jenem Gegenstand nicht so gern vorbei, es bleibt nicht in der gewünschten Richtung. Mit einem Stick (wegen der Reichweite besser als der Seilpropeller) können Sie dem Pferd leicht an Schulter, Hals oder Bauch klopfen, um die

Manuelle Entspannung: Kopf tief.

Nach hinten wegschicken.

Richtung zu korrigieren oder auch, um mehr vorwärts zu treiben.

2. Nach hinten

Schicken Sie das Pferd rückwärts von sich weg, idealerweise, ohne dass Sie sich dabei von Ihrem eigenen Standplatz fortbewegen. Fordern Sie das Pferd nur mit Ihrer eigenen Energierichtung dazu auf, sich rückwärts von Ihnen zu entfernen.
Eine sinnvolle Vorübung, um dem Pferd erst einmal die gewünschte Bewegungsrichtung klarzumachen ist es, frontal auf das Pferd zuzugehen und dabei das Seilende vor seiner Nase kreisen zu lassen.
Achten Sie darauf, Ihre eigene Haltung schon in diesem Stadium der Vorbereitung kritisch zu beobachten. Sie müssen das Gefühl haben, vor Ihrem Pferd zu wachsen. Stellen Sie sich eine Energiekugel in Ihrer Bauchmitte vor. Diese ist genau mittig auf die Brust des Pferdes gerichtet. Schauen Sie das Pferd dabei mit erhobenem Kopf voll an und strecken den Arm mit dem kreisenden Seilende nach vorn. Zielen Sie damit Richtung Brust oder Nase des Pferdes. Je höher dabei das Pferd den Kopf nimmt, umso höher nehmen Sie den Seilpropeller.

Beachten Sie Ihre Atmung. Ihnen darf auf keinen Fall der Atem stocken. Halten Sie den Atem an oder schnappen erschrocken nach Luft, so verkrampfen Sie sich, und Ihr Körper drückt Angst oder Unsicherheit aus.

Wollen Sie zuerst ohne kreisendes Seilende arbeiten, um z.B. ein ängstliches Pferd nicht zu erschrecken, so können Sie es mit den Fingern, der Kugelspitze des Sticks oder der Handfläche beeinflussen. Sie können es leicht an der Brust »anpiken« oder auch mit der Hand etwas Druck auf die Nase ausüben, um es ausweichen oder nachgeben zu lassen. Versuchen Sie jedoch nicht, das Pferd mit eigener Körperkraft weg zu schieben. Das kann mit den gegebenen Kräfte-

verhältnissen nicht funktionieren und das Pferd wird dadurch nur lernen, ihre Signale zu ignorieren. »Stören« Sie das Pferd so lange, bis es »genervt« rückwärts weicht. Dann wird es sofort gelobt und kurz in Ruhe gelassen.
Wenn Sie so dicht am Pferd und mit direktem Körperkontakt arbeiten, achten Sie bitte immer darauf, keine Panikreaktionen zu provozieren (wenn das Pferd z.B. Angst vor dem Rückwärtstreten hat, weil es ja nicht sieht, was direkt hinter ihm ist), dass es womöglich die Flucht nach vorn an Ihnen vorbei (oder über Sie drüber ...) antritt.

Den Rücken hochbringen beim Rückwärtsrichten. Leckerlis können dabei helfen.

Manche Pferde weichen in Alarmhaltung mit hoch gerecktem Hals und weg gedrücktem Rücken nach hinten aus. Für den Anfang ist das erst einmal unbedenklich. Sollte sich das nach einiger Zeit nicht ändern, müssen wir jedoch dafür sorgen, dass das Pferd in entspannter Haltung mit gesenktem Kopf rückwärts geht und den Rücken nach oben bringt. Das verbale Kommando »Kopf tief« kann dabei helfen. Wir können auch wieder dichter am Pferd arbeiten, selbst etwas in die Knie gehen und den Pferdekopf immer wieder etwas am Seil »herunterzupfen«. Manchmal hilft auch »Trick 17 mit Leckerli«: Das Leckerli dem Pferd tief unter das Maul halten und die Hand Richtung Pferdebrust bewegen, so dass das Pferd mit dem Maul nach hinten folgt und sich damit rückwärts bewegt.

Minimierung der Signale

Um beim Horse Walking wirklich Spaß zu haben, geht es schließlich darum, die Intensität der Signale und auch die Hilfsmittel mit der Zeit zu reduzieren. Dazu gehört, dass das Pferd immer aufmerksamer auf Ihre Körpersprache achtet. Viele Pferde tun dies nicht von Anfang an. Deswegen müssen Sie oft mit extrem deutlichen und ausladenden Gesten beginnen, damit das Pferd Sie beachtet. Wedeln Sie z.B. mit hoch erhobenen Armen vor dem Pferdekopf hin und her, um es zum Ausweichen nach hinten zu veranlassen. Machen Sie sich groß und wichtig. Die meisten dieser Übungen sehen für den unbedarften Zuschauer grausig aus: Das Pferd reißt dabei die Augen auf und den Kopf hoch – ein Bild des Widerstandes. Es ist jedoch ein absolutes NoGo, dass das Pferd Sie ignoriert!
Deswegen müssen Sie auf jeden Fall eine Reaktion erzielen, wenn das Pferd geneigt ist, den Menschen nicht so ganz ernst zu nehmen. Schon nach kurzer Zeit wird es aufmerksamer werden und ohne unschöne Bilder reagieren.
Wollen Sie nicht so dicht an das Pferd heran, weil Ihnen das zu gefährlich erscheint (und es oft auch ist), so können Sie mit dem Stick, der Peitsche oder Gerte auf Distanz arbeiten. Damit können Sie das Pferd auf Abstand berühren oder leicht »Anschnicken«. Ich sage leicht »Anschnicken« – nicht strafen.

Viele Wege führen rückwärts: hier mit leichtem Schütteln des Seils und erhobener kurzer Peitsche.

Geben Sie sich am Anfang mit einem vom Pferd signalisierten »ich versuch's ja« zufrieden. Also z.B. mit einem zögerlichen einzelnen Tritt in die gewünschte Richtung. Wichtig ist, dass das Pferd überhaupt reagiert. Belohnen Sie die Ansätze durch In-Ruhe-Lassen und eine kleine Pause. Steigern Sie langsam die Anzahl der Tritte.

Wellenschlag

Statt das Seilende kreisen zu lassen, wobei Sie dem Pferd meistens ziemlich nahe kommen müssen, bevor es reagiert, benutzen Sie das Seil nun in anderer Weise. Versetzen Sie es in wellenförmige Bewegung, sodass das Pferd in regelmäßigen Abständen einen kleinen Ruck auf Genick und Ganaschen bekommt. Ihre aufrechte Haltung, der regelmäßige Atem, der nach vorne-oben ausgestreckte Arm und vor allem Ihr »Bild im Kopf« signalisieren dem Pferd »Rückzug«. Reagiert es nicht, so werden in die Wellenbewegung etwas härtere, seitliche Seilschläge eingefügt.

Irgendwann wird dem Pferd die Störung durch den Wellenschlag zu viel, und es weicht rückwärts aus. Dann muss Ihr Wellenschlag sofort aufhören. Er setzt wieder ein, wenn das Pferd weiter rückwärts gehen soll. Reagiert das Pferd gut, so wird der Wellenschlag nur noch als leichtes Signal benutzt, solange das Pferd sich rückwärts von Ihnen entfernen soll. Er hört immer dann auf, wenn das Pferd stehen bleiben soll.
Bei dieser Lektion ist das Loben fast nur noch mit der Stimme und durch »In-Ruhe-Lassen« möglich. Sie schicken also das Pferd von sich weg, ohne sich selbst von der Stelle zu rühren – nur mit der Kraft des Ausdrucks Ihrer eigenen Körpersprache. Das Hilfsmittel des Wellen schlagenden Seiles kann – z.B. bei Arbeit in einem Round Pen – später vollständig entfallen. Das Pferd reagiert dann nur noch auf Ihre Signale.
Testen Sie die Aufmerksamkeit und die Reaktionen des Pferdes auch beim Führen:
Führen Sie das Pferd im Schritt, später auch im Trab, stoppen Sie abrupt und legen selbst den Rückwärtsgang ein (ohne dabei nach hinten zu

schauen). Heben Sie dabei ggfs. einen oder beide Ellbogen und wedeln ein wenig damit wie ein Huhn, welches zu fliegen versucht. Das Pferd sollte nun auch sofort rückwärts marschieren. Sie können sich auch nach Ihrem Stopp umdrehen und das Pferd frontal zum Rückwärtstreten auffordern. Funktioniert diese Übung aus Schritt und Trab auch bei sehr schnellen Bewegungen, so zeigt das Gelingen deutlich die Aufmerksamkeit, die Ihnen das Pferd entgegenbringt. Es will keines Ihrer Signale verpassen.

Das Ausweichen nach hinten gymnastiziert das Pferd und festigt Ihre ranghohe Position, denn es ist auch eine Demutsgebärde gegenüber dem Ranghöheren.
Es ist wichtig, das Rückwärtsrichten mit dem richtigen Gedankenbild zu verknüpfen (sich vorzustellen, dass das Pferd schon rückwärts geht) und die eigene Energie »rückwärts zu denken« und auszurichten.

Auch simples Führen will gelernt und trainiert sein. Nur ein gut erzogenes Pferd macht im Gelände Spaß.

Führtraining

Aus der Übung des Heranholens und Rückwärts-Wegschickens ergibt sich auch das »simple« Führen des Pferdes, bei dem im Alltag immer wieder Fehler gemacht werden. Das eine Pferd will nicht mitkommen und der Mensch muss es hinterher ziehen, das andere drängelt nach vorne oder rempelt den Menschen sogar an. Diese Verhaltensweisen zeigen sehr deutlich, dass die Grunderziehung hier schief gelaufen ist und das Pferd »seinen Platz« nicht kennt.

Beim einfachen Führtraining gibt es den simplen Grundsatz: Das Pferd darf den Reiter nicht überholen. Es läuft in einer Position mit Kopf neben der Schulter des Menschen, mit so viel seitlichem **Abstand**, dass es dessen Aktionen/Bewegungen gut sehen kann. Es sollte diese Position halten, egal, ob der Mensch schneller oder langsamer läuft, stehen bleibt oder rückwärts geht. Wie wir in den Führübungen mit dem menschlichen Partner gesehen haben, braucht es die volle Aufmerksamkeit dafür.

3. Seitliches Ausweichen

Wenn Sie es schaffen, Vor- und Hinterhand des Pferdes unabhängig voneinander zu kontrollieren, dann können Sie damit verhindern, dass das Pferd gegen Sie drängelt. Und Sie können das Pferd sicher anhalten.

3.1. Nur die Hinterhand weicht aus

Das Pferd führt eine Vorhandwendung aus

Mit der Kontrolle der Hinterhand ist das Pferd an der Longe immer ohne Ziehkampf anzuhalten. Auch für den Richtungswechsel beim Longieren ist diese Kontrolle wichtig.

Sie stehen seitlich vor dem Pferd, etwa in Höhe seines Kopfes, mit Blickrichtung auf seine Hinterhand. In der dem Pferd zugewandten Hand halten Sie den Strick. In der anderen das Seilende.

Die Hinterhand ausweichen lassen. Hier zeigt der Stick zusätzlich auf das innere Hinterbein.

Um die Hinterhand zum Ausweichen zu veranlassen, bewegen Sie sich nun zielgerichtet und bestimmt, mit deutlichem Anheben Ihrer eigenen Beine aus der Hüfte heraus auf diese zu. Ihre Fußspitzen zeigen dabei genau auf den inneren Hinterhuf des Pferdes. Ihre Haltung ist aufrecht und straff. Unterstützen Sie Ihre Bewegung mit dem kreisenden Seilende, welches Sie mit der dem Pferd abgewandten Hand schwingen und damit in Richtung Knie/Oberschenkel des Pferdes zielen.

Soll die Hinterhand des Pferdes z.B. nach rechts weichen, so stehen Sie auf der linken Seite des Pferdes. Ihre rechte Schulter befindet sich schräg neben dem Kopf des Pferdes. Ihre rechte Hand hält locker den Strick, die linke schwingt das freie Seilende, ersatzweise auch den Stick mit dem Rasselaufsatz (links und rechts aus dem Blickwinkel des Menschen gesehen).

Das Pferd soll Sie am Ende der Übung immer anschauen und aufmerksam auf neue Signale warten. Es soll nicht einfach irgendwohin von Ihnen wegspringen (dafür waren die ersten »Vertreibe-Übungen« da). Zeigt es Ihnen die Seite und spannt sich der Führstrick, so setzen Sie die Übung fort, so lange, bis es Sie anschaut, also nur die Hinterhand ausweicht.

Die richtige Ausführung ist über den Führstrick kontrollierbar: Er soll nach der gewünschten Reaktion immer noch lose sein.

Es ist jedoch kaum anzunehmen, dass das Pferd sofort »richtig« reagiert. Ein unaufmerksames oder respektloses Pferd wird das Signal ignorieren, weil es einfach nicht hinschaut. Ein sensibles, ängstliches Exemplar wiederum wird vielleicht einen Satz seitwärts machen, jedoch mit Vor- und Hinterhand, so dass sich das Seil vorne spannt.

Dem respektlosen Pferd werden Sie mit Ihrem Seilpropeller und deutlicher Körperstraffung auf die Sprünge helfen. Zur Not berühren Sie es mit dem Seilpropeller. Das regelmäßige Klatschen gegen die Hinterhand wird das Pferd schließlich zu einer Ausweichreaktion veranlassen. Wenn Sie Bedenken haben, dass das Pferd nach dem Seilpropeller treten könnte, dann versuchen Sie es mit dem Stick mit der Seil- oder Rasselspitze.

Die häufigste Reaktion wird sein, dass sich das Pferd komplett von der »Störungsquelle«

Nicht immer reagiert das Pferd wunschgemäß. Junge Rüpel testen gern einmal, wie weit sie gehen können. Bleiben Sie ruhig und souverän. Solche »Ausraster« sind am Boden gut in den Griff zu bekommen.

Mensch entfernen will – mit Vorhand und Hinterhand. Diese falsche Reaktion müssen Sie nun sofort erkennen und die Übung fortsetzen. Dazu brauchen Sie etwas Kondition, denn ein schnelles Nachlaufen (hinter der Hinterhand her) ist oft unerlässlich. Zu Korrekturzwecken können Sie den Strick kurzfristig vorn etwas kürzer fassen und die Vorhand des Pferdes mehrmals kurz zu sich heranziehen (keinen dauernden Zug ausüben, damit sich das Pferd vorne nicht festmachen kann). Der Seilpropeller zielt derweil weiterhin auf die Hinterhand und berührt sie bisweilen. Hektische Pferde springen bei der Prozedur meist am Anfang ziemlich wild in der Gegend herum. Ihnen müssen Sie immer genug Seil vorne lassen.

Das wilde Herumzappeln ist nicht schlimm. Lassen Sie es zu, ohne sich selbst darüber aufzuregen. Die Pferde beruhigen sich sehr schnell wieder, wenn Sie souverän bleiben. Bisweilen »versteckt« sich auch ein Pferd gern hinter hektischem Getue, weil es gelernt hat, dass der Mensch dann nicht auf einer unbequemen Forderung besteht.

Das Aufregen-Lassen und wieder Ruhig-werden-Lassen gehört zu den Grundlagen der Angstbewältigung, die im Kapitel »Vertrauensbildung« noch genauer behandelt wird.
Weicht das Pferd nach einer Seite gut, so probieren Sie das Ganze auf der anderen Seite. Dabei zeigt sich bald die steifere Seite des Pferdes, auf der die Hinterhand schlechter ausweicht.
Haben Sie beide Seiten völlig unter Kontrolle, so lässt Sie Ihr Pferd nicht mehr aus den Augen. Ein Prüfstein für den Erfolg dieser Lektion ist die Fixierung.

Fixierung

Stellen Sie sich vor das Pferd: Machen Sie einen Schritt nach rechts vorne – das Pferd muss mit der Hinterhand nach links weichen. Die Vorhand bleibt stehen, jedoch dreht sich das ganze Pferd durch die Bewegung der Hinterhand um den »Drehpunkt Vorderbein«, sodass es Sie wieder anschaut. Machen Sie daraufhin einen Schritt nach links – das Pferd weicht mit der Hinterhand nach rechts – und schaut Sie wieder an.
Diese Schritte nach rechts und links können nun in schnellerer Folge und unregelmäßig ausgeführt werden – das Pferd ist bei richtigem Lernerfolg der Hinterhand-Ausweichlektion völlig auf Ihre Bewegungen fixiert und dementsprechend absolut aufmerksam auf Ihre Körpersignale. Es wird Sie immer im Auge behalten wollen, um kein Signal zu verpassen und schnell genug reagieren zu können, wenn Sie etwas fordern. Ihre Bewegung nach vorne – Richtung Hinterhand – kann bei schnellem Richtungswechsel und genügend entwickelter Sensibilität und Aufmerksamkeit des Pferdes entfallen, eine Seitwärtsbewegung nach rechts oder links reicht dann aus. Mit dieser Ausrichtung der Längsachse auf den Menschen können Sie das Pferd auch sicher

Anhalten des Pferdes durch einen forschen Schritt Richtung Hinterhand, so dass diese nach außen ausweicht und das Pferd den Menschen anschaut.

Anhalten des Pferdes durch das Hereindrehen der Schulter. So bleibt das Pferd stehen, ohne sich zum Menschen zu drehen.

rückwärts um die Ecke steuern, wenn es an Trailübungen geht.
An der Longe können Sie Ihr Pferd durch einen Schritt Richtung Hinterhand aus jeder Gangart anhalten: Es dreht die Hinterhand nach außen und schaut Sie an.

Anhalten können Sie das longierte Pferd auch, indem Sie Ihre Schulter zum Pferd hereindrehen, so dass Sie frontal vor ihm stehen würden, wenn Sie auf der Außenlinie des Zirkels stünden. Dabei heben Sie noch Ihre führende Hand, um das Pferd aufmerksam zu machen. Und senken sie wieder, wenn das Pferd steht. Funktioniert das nicht, so verstärken Sie dieses Signal durch den Schritt Richtung Hinterhand.
Das funktioniert auch bei Widersetzlichkeiten des Pferdes, z. B. wenn es im Zirkel nach außen drängelt, über die Schuler weglaufen will etc. Jedoch funktioniert es nur, wenn Sie diese Ausweichmanöver des Pferdes im Ansatz erkennen und sofort eingreifen, wenn Sie noch die grundsätzliche Aufmerksamkeit des Pferdes haben. Sie müssen also schnell genug reagieren.

Ist das Pferd schon mit seinen eigenen Dingen beschäftigt, wechselt z. B. unaufgefordert die Richtung, so kommt jede Reaktion des Longierenden zu spät. Das weit verbreitete sinn- und gedankenlose Laufen-Lassen an der Longe, nur um das Pferd etwas zu bewegen und ohne ihm die gebührende Aufmerksamkeit zu widmen, führt z. B. zu solchen Fehlern.

3.2. Nur die Vorhand weicht aus

Das Pferd führt eine Hinterhandwendung aus

Für diese Übung brauchen Sie etwas mehr Kondition als für die des Hinterhandweichens. Ab und zu müssen Sie dabei nämlich ganz schön rennen.
Noch diffiziler als beim Weichen der Hinterhand ist hier die Körperposition und vor allem der Standort des Menschen. Schon geringe Abweichungen von der Idealposition führen bei dieser Lektion zu einer falschen (d.h. nicht beabsichtigten) oder völlig fehlenden Reaktion des Pferdes.
Sie stehen in Höhe der Schulter des Pferdes mit etwa einem Meter Abstand. Die genaue Position

können Sie über die Reaktion des Pferdes ermitteln. Stehen Sie zu weit vorne, biegt das Pferd den Hals von Ihnen weg und weicht nicht oder nur schleppend mit Schulter/Vorhand aus oder es weicht sogar nach hinten aus. Stehen Sie zu weit hinten, so weicht u.U. das ganze Pferd seitwärts aus.

Bewegen Sie sich nun schräg – mit Blickrichtung auf die Mitte zwischen Kopf und Schulter des Pferdes – auf das Buggelenk des Pferdes zu. Die Fußspitze des näher am Pferd stehenden Beines zeigt beim Antreten auf den Ballen des Ihnen näheren Vorderhufs. Den wieder lang durchhängenden Strick halten Sie in der Hand, die näher am Pferdekopf ist; mit der anderen Hand schwingen Sie den Seilpropeller, bis das Seilende die Schulter berührt.

Sie können auch einfach nur das Seil zwischen beiden weit auseinander stehenden Händen spannen, so dass sich zwischen Pferdeschulter und Pferdekopf eine gerade Linie bildet und bewegen sich so auf das Pferd zu – auch hier müssen die Ausgangsposition und die Bewegungsrichtung präzise stimmen. Oder Sie verwenden den Stick mit Kugel oder Rasselspitze, um die Schulter direkt anzutippen.

Beispiel: Das Pferd soll mit der Vorhand nach rechts weichen. Der Mensch steht auf der linken Seite des Pferdes, hält mit der linken Hand das Seil und benutzt mit der rechten Hand das Seilende oder den Stick.

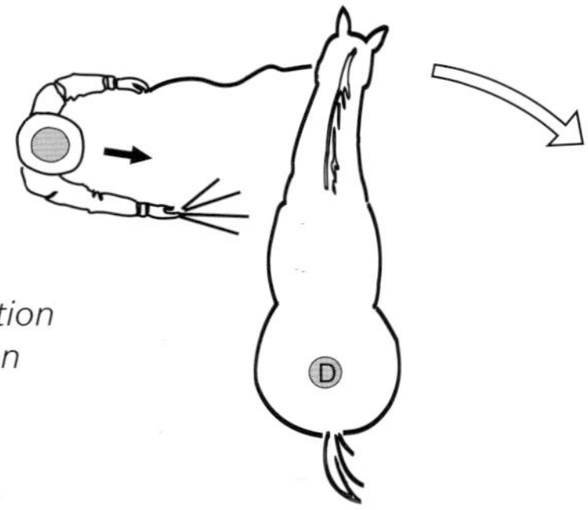

Richtige Position des Menschen

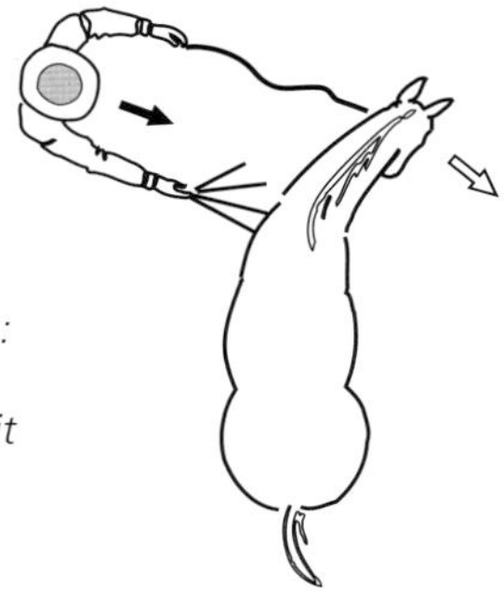

Zu weit vorne: Das Pferd weicht nur mit dem Hals aus

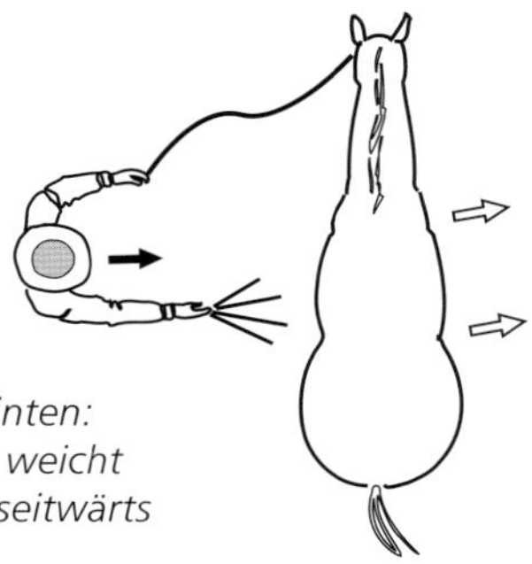

Zu weit hinten: Das Pferd weicht komplett seitwärts aus.

Die Vorhand weicht aus; das Pferd führt eine Hinterhandwendung aus.

Selbstkorrektur

Weicht nun das Pferd mit der Vorhand nach rechts aus, so müssen Sie sofort nachsetzen, um weiteres Ausweichen – also z.B. eine volle 360-Grad-Drehung – zu erreichen. Je schneller das Pferd weicht, desto besser; umso schneller müssen Sie jedoch auch laufen, denn bei dieser Art des Ausweichens stehen Sie nicht in der Nähe des Drehpunktes wie beim Weichen der Hinterhand, sondern weit entfernt vom Drehpunkt Hinterhand.

Gleichzeitig mit dem Laufen im Kreis müssen Sie noch auf Ihre Haltung achten sowie Ihre Position

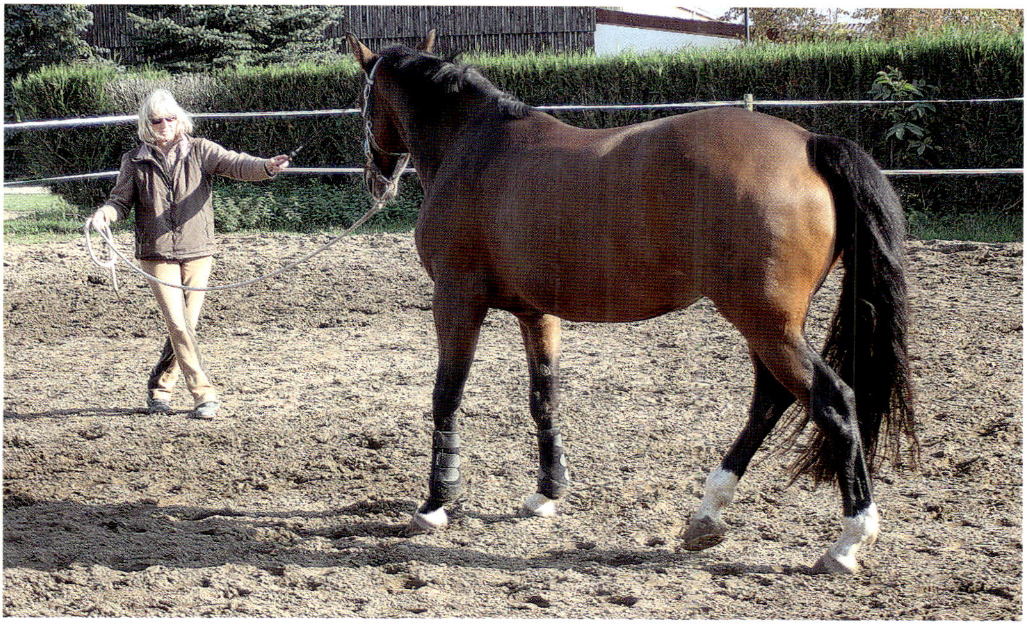

Vorwärts-seitwärts-Bewegung im Kreis. Das Pferd tritt in Form eines Schenkelweichens um den Menschen herum und überkreuzt Vorder- und Hinterbeine. Der Mensch kann ihm das Überkreuzen auch vormachen, wie hier zu sehen.

im Verhältnis zur Pferdeschulter ständig korrigieren: Geraten Sie zu weit nach vorne, so zielen Sie nicht mehr auf die Vorderbeine, und das Pferd wird nur noch den Hals biegen und die Beine nicht mehr bewegen. Kommen Sie zu weit hinter die Schulter, so weicht das Pferd mit Vor- und Hinterhand oder es versucht, nach vorne wegzulaufen. All diese Fehler sind nur durch die Korrektur der eigenen Position zu korrigieren.

Achten Sie auch auf die Länge des Führstrickes, denn das Pferd dreht bei richtiger Reaktion Kopf und Hals von Ihnen weg in die Wendung hinein und braucht dementsprechend genug Spielraum am Strick. Der Strick darf sich nicht spannen, wenn das Pferd mit mehr Tempo ausweicht. Spannt sich der Strick, ist dies ein widersprüchliches Signal: die Vorhand wegtreiben und gleichzeitig den Kopf zu sich ziehen.

Diese Übung ist wieder eine der Grundlagen für die Longenarbeit oder freie Arbeit im Round Pen (wer das möchte). Sie ist nämlich Teil des Richtungswechsels, der sich aus dem Weichen der Hinterhand, dem Hereinrufen des Pferdes, schließlich dem Weichen der Vorhand und dem darauf folgenden Wegschicken des Pferdes in die entgegengesetzte Richtung zusammensetzt (siehe auch Richtungswechsel).

3.3. Vorhand und Hinterhand weichen aus

Haben Sie die beiden vorigen Abschnitte über das Weichen der Hinterhand und der Vorhand aufmerksam gelesen, so müsste prinzipiell klar sein, wie Sie Ihr Pferd seitwärts dirigieren: Es wird weder auf die Hinterhufe noch auf die Vorderhufe »gezielt«. Ihre Bewegungsrichtung sowie

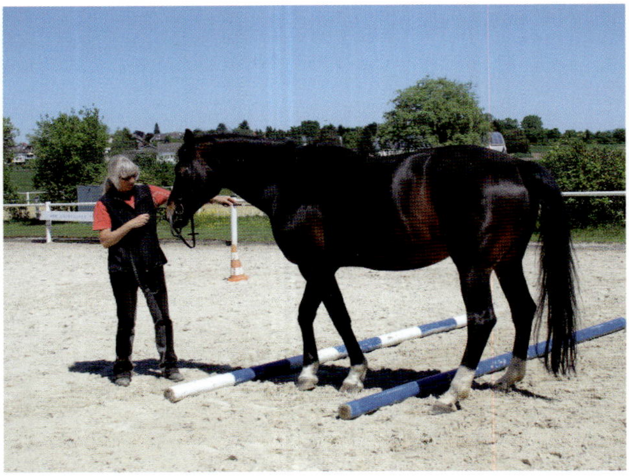

Reine Seitwärtsbewegung mit einer Stange zwischen Vorder- und Hinterbeinen.

auch das kreisende Seilende zielen nunmehr in die Mitte des Pferdes: Dieses weicht über seine gesamte Längsachse aus. Unterschiedliche Positionen des Menschen führen dabei zu unterschiedlichen Seitwärtsbewegungen.

Stehen Sie genau in der Mitte des Pferdes, so wird es über eine reine Seitwärtsbewegung ausweichen. Es bewegt sich also in einem Winkel von 90 Grad zu seiner eigenen Längsachse. Diese Art des Ausweichens wird derjenige vermehrt brauchen, der ein Pferd in Trailübungen trainieren will.

Eine reine Seitwärtsbewegung können Sie allerdings auch erreichen, wenn Sie mit etwas Abstand frontal vor dem Pferd stehen, mit der führenden Hand die Richtung anzeigen und mit dem losen Seilende in der anderen Hand die Seitwärtsbewegung einleiten. Das geht zum Beispiel sehr gut, wenn Sie das Pferd seitwärts über eine liegende Stange manövrieren wollen – mit den Vorderbeinen auf der einen Seite und den Hinterbeinen auf der anderen.

Gymnastische Übungen in der Seitwärtsbewegung – die Seitengänge

Neben rein koordinatorischen Vorteilen bringen die folgenden Übungen auch einen gymnastizierenden Faktor mit ins Spiel.

Schenkelweichen

Stehen Sie etwas mehr in Richtung Schulter, wird das Pferd sich vorwärts-seitwärts von Ihnen entfernen – in einem Winkel von etwa 45 Grad. Die Vorhand befindet sich auf einer anderen Bewegungslinie als die Hinterhand – das entspricht dem Schenkelweichen. Achten Sie dabei darauf, dass das Pferd in der Längsachse weitgehend gerade bleibt und sich nur im Genick ein wenig (gegen die Bewegungsrichtung) stellt. Knickt es am Widerrist im Hals ab, so fällt es über die äußere Schulter und der gymnastische Wert (Dehnung der äußeren Seite) ist dahin.

Schulterherein

Auch ein Schulterherein können Sie bewirken. Dazu stehen Sie neben der Hinterhand des Pferdes, führen das Pferd von hinten und treiben die Hinterhand mit Ihrem eigenen Körper leicht seitwärts. Die Schulter und die Halsstellung des Pferdes kontrollieren Sie am besten, indem Sie die Schulter mit dem Stick antippen. Damit verhindern Sie, dass das Pferd in Ihre Richtung abwendet, statt sich gebogen vorwärts-seitwärts zu bewegen.
Sie können ein Schulterherein jedoch auch erreichen, indem Sie sich schräg vor dem Pferd bewegen, dadurch dessen Bewegung nach vorne begrenzen und Vor- und Hinterhand durch »Zeigen« bzw. Antippen mit dem Stick seitwärts treiben. Wichtig ist ein Abstand von etwa einem Meter, damit das Pferd Sie und Ihre Körpersprache auch sehen kann.

Das Pferd soll sich dabei im Hals nicht »verbiegen«. Die gesamte Längsachse des Pferdes ist nur leicht, aber gleichmäßig gebogen. Ein zu starkes Abstellen im Hals erschwert die Kontrolle der Bewegungsrichtung und das Pferd kann sich dem (anstrengenden) Übertreten und der gleichmäßigen Längsbiegung entziehen, indem es einfach über die Schulter wegläuft.

Die Korrektur des »Über-die-Schulter-Weglaufens« ist durch ein Schütteln des Führstrickes möglich, welches das Pferd dazu veranlassen soll, den Hals wieder gerade zu stellen. Sie können das Pferd durch Anpiken mit der ausgestreckten Hand, durch leichtes Antippen mit der Kugelspitze des Sticks an die Kopfseite zum Wegdrehen des zu stark gebogenen Halses bewegen. Bei schon weitgehend sensibilisierten Pferden reicht nur das Deuten mit den Hilfsmitteln oder dem Finger in Richtung des Kopfes. Weitergehende Korrekturmöglichkeiten bietet die klassische Arbeit an der Hand (siehe Kapitel 11), Arbeit am langen Zügel oder die kurzfristige Verwendung eines einzelnen Ausbinders an der äußeren Seite, die dem Pferd ein Abknicken im Hals erschweren. Die Seitwärtsübungen sind oft einfacher mit Stick oder Gerte als mit dem Seilende zu bewältigen.

Tippen Sie z. B. gezielt ein Bein an, um es zum Vor- oder Übertreten zu veranlassen.

links: Eine Spielart des Ausweichtrainings ist es, das Pferd dahingehend zu trainieren, dass es sich immer frontal zum Menschen ausrichtet.

unten: Schulterherein im Gelände. Idealerweise ist das Leitseil noch etwas länger gefasst und das Pferd hat mehr Abstand zum Menschen.

Leichter ausführbar sind die Seitwärtsbewegungen, bei denen das Pferd gegen die Bewegungsrichtung oder gerade gestellt ist (Schenkelweichen und Schulterherein sowie die 90-Grad-Seitwärtsbewegung für manche Trailhindernisse). Travers und Traversale mit Stellung des Pferdes in Bewegungsrichtung lassen sich meist einfacher am langen Zügel trainieren.

Abstand halten

Mit zunehmender Sensibilisierung des Pferdes auf Ihre Körpersprache können Sie aus immer größerer Entfernung mit dem Pferd arbeiten. Das ist für die Angstbewältigungsübungen von besonderer Bedeutung.
Prinzipiell ist aber auch das normale Longieren schon Arbeit auf Distanz. Machen Sie dazu folgende Übung: Schicken Sie das Pferd im Bogen um sich herum, ohne sich selbst dabei von der Stelle zu rühren.

Das Pferd im Bogen schicken

Dazu stellen Sie sich frontal vor das Pferd. Schicken Sie es mit der Wellenbewegung des langen Seiles rückwärts weg. Soll es im Bogen nach rechts laufen, so strecken Sie nun den rechten Arm mit dem Seil nach rechts zur Seite und zeigen ihm damit die Richtung. Das Pferd wird den Hals und die Schulter nach rechts drehen. Jetzt können Sie mit der linken Hand das Seilende in Richtung der rechten Schulter des Pferdes kreisen lassen oder mit dem Stick in diese Richtung zeigen. Die Schulter weicht nach links (außen) aus. Jetzt zeigt uns das Pferd seine »Breitseite«. Zeigen Sie jetzt auf seine Mittelhand und üben mit der rechten Hand leichten Zug auf das Seil aus – das Pferd setzt sich nun in einem Rechtsbogen in Bewegung.

Soll es anschließend einen Linksbogen beschreiben, so holen Sie das Pferd ein paar Schritte zu

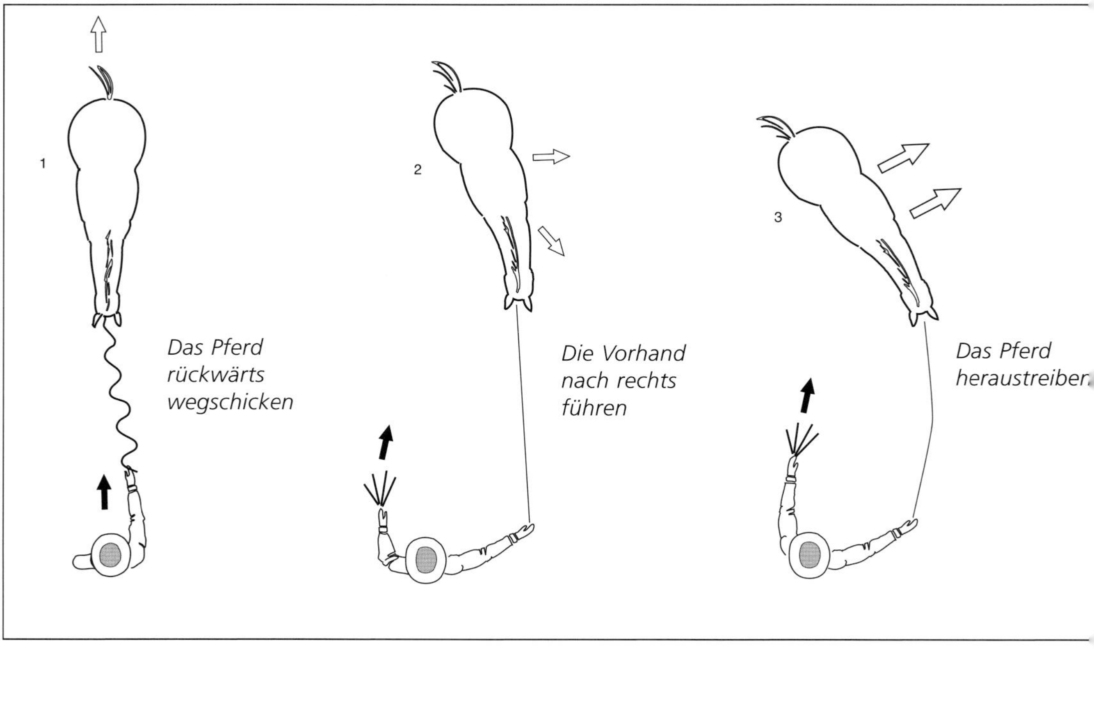

sich herein, und wechseln Sie freie und führende Hand. Ihr linker Arm zeigt nun dem Pferd den Weg nach links. Die rechte Hand zeigt Richtung Schulter und Mittelhand des Pferdes und treibt es heraus.

Longenarbeit

Aufbauend auf die Ausweichübungen kann die Gymnastizierung des Pferdes an der Longe weitgehend ohne Hilfszügel betrieben werden. Bisweilen kann eine Peitsche oder der Stick mit dem Nylonseil jedoch hilfreich sein, um das Pferd immer direkt berühren zu können.

Das Pferd fühlt sich bei dieser Art der Arbeit nicht eingezwängt – es kann seine natürlichen Bewegungen frei entfalten. Dies ist ein entscheidender Vorteil zur Longenarbeit mit Hilfszügeln, die oft Spannungen hervorruft. Meist verschwinden zwar diese Spannungen mit der Zeit, jedoch geht trotzdem manchmal ein Teil der natürlichen Eleganz der Pferde verloren.

Sie müssen jedoch darauf achten, dass das Pferd den Rücken nicht wegdrückt, sich biegt, gut untertritt und so weiter. Der entscheidende Vorteil des Longierens ohne Hilfszügel ist, dass Sie sehr viel schneller sehen, ob das Pferd wirklich spannungsfrei geht. Weil Sie es nicht mit Ausbindern oder Schlaufzügeln in eine Form pressen, können Sie Steifheiten viel leichter beurteilen. Dem »Sterngucker« wird nicht der Kopf auf die Brust gezogen – er schaut so lange in die Luft und nach außen, bis Sie seine Aufmerksamkeit erlangen.

Das Pferd im Bogen um sich herumschicken, ohne sich selbst dabei von der Stelle zu bewegen.

… bis es auf der Zirkellinie ist

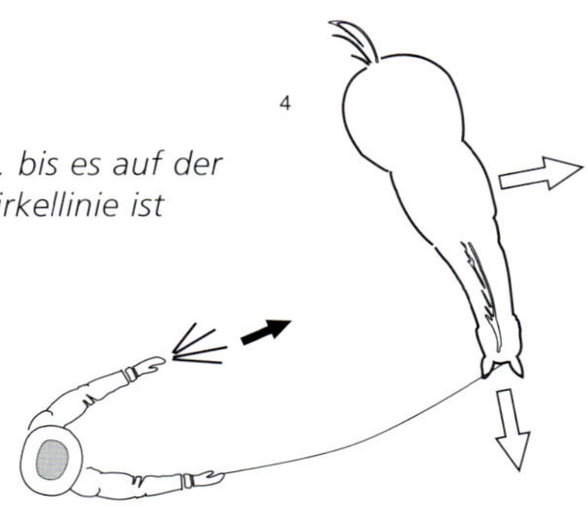

Lerneffekte an der Longe

Sie können ein Pferd an der Longe nur dann ohne Hilfsmittel dehnen und biegen, wenn Sie seine ungeteilte Aufmerksamkeit haben. Haben Sie diese, so schaut es von allein in die Zirkelmitte und wartet darauf, was das »Leittier« da drinnen von ihm will. Damit haben Sie schon einmal die richtige Stellung des Pferdes erreicht. Die Biegung folgt, wenn Sie das innere Hinterbein zum Untertreten aktivieren können. Lassen Sie das Pferd abwechselnd kleinere Zirkel (bis zur Volte) und wieder größere Zirkel gehen und treiben es – besonders während der kleinen Zirkel – ein wenig von hinten (hinter der Hinterhand). Schnell können Sie beobachten, dass sich das Pferd abwärts streckt, wenn es wieder auf den größeren Zirkel geschickt wird: Es entspannt sich von selbst nach der »spannenden« Arbeit auf dem kleineren Zirkel. Das ist der Effekt, den wir bei der Arbeit ohne Hilfsmittel haben wollen: Das Pferd soll selber herausfinden, dass das Dehnen der Oberlinie bequem ist. Der Lerneffekt für das

Diese Haltungsfehler müssen längerfristig korrigiert werden, da sie schädlich für das Pferd sind: Außenstellung (links): Die innere Schulter ist stark belastet und die Hinterbeine treten nicht vor. Falsche Spannung beim Rückwärtsrichten (rechts): Das Pferd drückt den Unterhals heraus und den Rücken weg.

Pferd ist dabei sehr viel größer als alles, was es unter dem Zwang von Hilfszügeln gelernt haben kann.

Pferde, die es vorziehen, bei der Zirkelarbeit stur nach außen zu schauen, respektieren den Menschen oft noch nicht vollständig. Fixieren Sie ein solches Pferd durch die Ausweichübungen noch stärker auf sich. Geben Sie zudem jedes Mal, wenn es den Kopf desinteressiert nach außen wendet, einen leichten Ruck an der Longe nach innen, so lange, bis es zu Ihnen schaut. Lassen Sie es immer nur so lange zufrieden, wie es den Kopf innen behält.

Kippt das Pferd dabei mit der inneren Schulter in die Wendung hinein oder kommt insgesamt zu weit nach innen, so richten Sie Seilpropeller oder Stick auf die innere Schulter und treiben diese damit nach außen.

Zieht es über die äußere Schulter nach außen weg und stellt den Hals zu weit herein, treiben Sie die Hinterhand heraus.

Wiederholen Sie die »Störmanöver« immer, wenn das Pferd die Aufmerksamkeit von Ihnen abzieht oder in die Wendung hineinkippt bzw. aus der Wendung herauszieht. Arbeiten Sie geduldig, bis das Pferd dauerhaft (anfangs reicht eine Runde) nach innen schaut. Für jeden kleinen Teilerfolg sollte es ausgiebig gelobt werden. Pausen nach erwünschter Reaktion im Halten nicht vergessen!

Aufmerksamkeit und Gehorsam als Grundlage für Gymnastik und Kontrolle

Mit dem Halfter allein haben Sie wenig Möglichkeiten, ein Pferd in irgendeiner Form »festzuhalten«. Manche Pferde sind absolute »Künstler«, wenn es darum geht, sich der biegenden Zirkelarbeit durch Ausbrechen nach außen zu entziehen. Merken Sie einen solchen »Ausbruchsversuch« rechtzeitig, so haben Sie immer die Möglichkeit, das Pferd durch einen Schritt Richtung Hinterhand anzuhalten. Das Pferd hat im vorhergehenden Training gelernt, mit der Hinterhand auszuweichen. Zielt man mit den Füßen Richtung Hinterhand, wird diese nach außen weichen – das Pferd schaut einen an und bleibt stehen. Ein ergänzend gesagtes »Ho« oder »Halt« kann diese Geste unterstützen. Sie müssen nur früh genug den Ansatz zum Ungehorsam erkennen. Hat das Pferd erst einmal den Hals festgemacht, schaut nach außen und hat seine Aufmerksamkeit von Ihnen abgezogen, so ist kaum noch etwas dagegen auszurichten; denn dann sieht es ja Ihre Körpersignale nicht mehr.

Horse Walking Longenarbeit

Grundziele der Longenarbeit sind:

- Sie können das Pferd immer anhalten.
- Es geht Volten und kleine Zirkel ohne Widerstand.
- Es tritt aus dem Halten auf Kommando im Schritt und Trab an.

Diese Lektionen, so einfach sie auch scheinen mögen, setzen bei konsequenter Durchführung den Grundstein für widerstandsfreie Arbeit bei schwierigeren Übungen.

Longierpositionen und Blickrichtung für verschiedene Manöver: blau gestrichelt = Blickrichtung, schwarz gestrichelt = Longe, schwarz = Stick oder Seilende

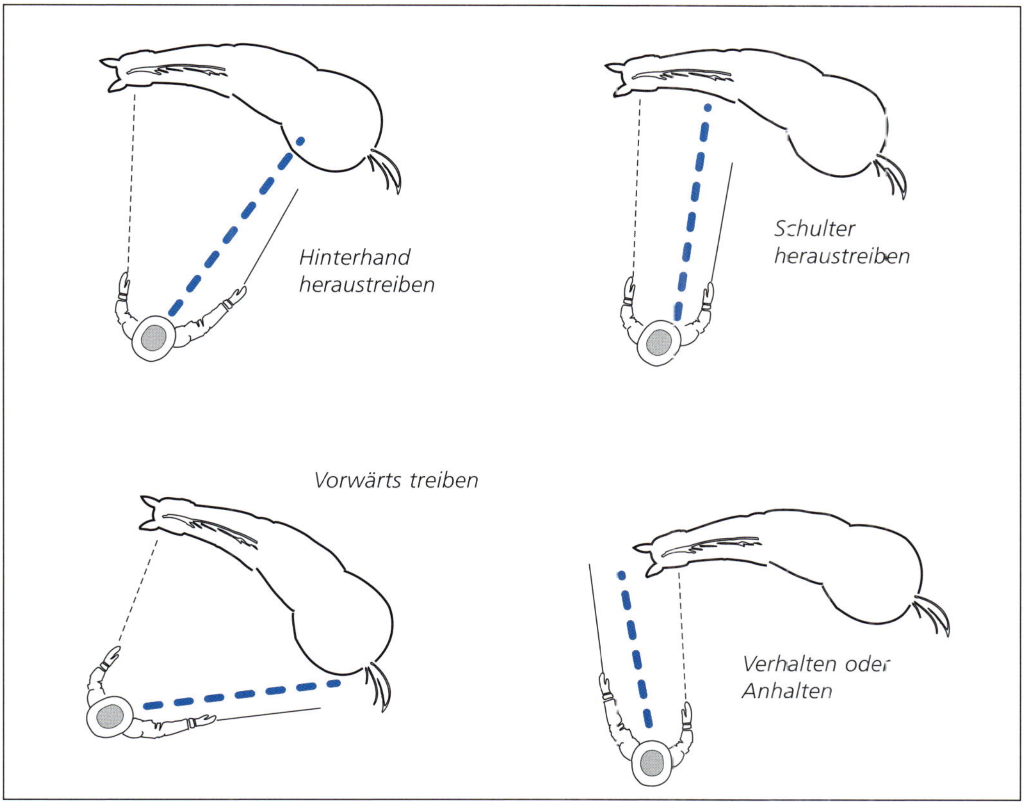

Schrittarbeit: Hier das Hereinholen des Pferdes für einen Richtungswechsel.

Warum Gymnastik fürs Pferd?

Wofür brauche ich die gymnastischen Übungen beim Horse Walking?, wird sich mancher fragen. Ganz einfach: für eine bessere Kontrolle und einen gesünderen Bewegungsablauf. Insbesondere wenn das Horse Walking als Vorbereitung zum Reiten dienen soll.

Gymnastizierend an der Longe wirken Tempo- und Gangartenwechsel, die durch verbale Kommandos eingeleitet werden können.

Schrittarbeit

Präzise Schrittarbeit ist ein wichtiger Bestandteil der Gymnastizierung und Ausbildung des Pferdes. Denn nur ein von Grund auf widerstandsfreies Pferd wird auch bei schwereren Übungen noch aufmerksam mitarbeiten. Schrittarbeit ist durchaus nicht langweilig, wenn man sie richtig betreibt – nämlich im Hinblick auf das Ausschalten von Restwiderständen bei problematischen Pferden. Für den Horse Walking-Anfänger ist sie besonders wichtig, denn das Pferd kann sich im Schritt nicht so schnell durch eine »Blitzaktion« den geforderten Lektionen entziehen. Seine Bewegungen sind langsamer – und so auch rechtzeitig zu erkennen und zu korrigieren, wenn Sie noch nicht ganz so reaktionsschnell sind. Zudem bietet der Schritt für das Pferd selbst viel weniger Ansatzpunkte zum Widerstand: Es hat im Schritt keine Gleichgewichtsprobleme. Es kann sich leichter biegen. Es kann ohne Probleme anhalten.
Wenn das Pferd in der Schrittarbeit ungehorsam ist, so können Sie davon ausgehen, dass es in jeder anderen Gangart doppelt so viele Schwierigkeiten macht. Also bringen Sie sinnvollerweise zuerst die Arbeit im Schritt in Ordnung.

Das Pferd hat im Grundsatztraining gelernt, sich hereinholen, aber auch problemlos wieder weg-

Der Trab bietet die umfangreichsten gymnastizierenden Möglichkeiten für das Training.

schicken zu lassen. Jetzt können Sie das Gelernte auch an der Longe anwenden. Sie können dabei seelenruhig auf der Stelle stehen bleiben.

Holen Sie das Pferd für einen Richtungswechsel herein oder auch, um es zu belohnen. Das Pferd muss jedoch ganz genau wissen, wann es hereinkommen darf und wann nicht. Setzen Sie Ihre Körpersprache und Ihre Stick- oder Seilpropellerhilfe so unmissverständlich ein, dass das Pferd sehr genau den Unterschied begreift, wann es auf der Zirkellinie stehen bleiben und abwarten und wann es hereinkommen soll. Ein leichter Schnick mit der Peitschenschnur des Sticks Richtung Schulter oder Kopf des Pferdes, wenn es unaufgefordert nach innen in die Mitte des Zirkels abdreht, oder ein Ausfallschritt Richtung Schulter samt einem deutlichen »Ho« oder »Halt« wird es schnell von seiner Absicht abbringen. Manchmal reicht schon das Anheben des Armes in Richtung der Schulter.

Ist die Hinterhand aktiv, nimmt das Pferd von allein eine zweckmäßge Haltung ein.

Um dem Pferd unmissverständlich klarzumachen, was Sie von ihm wollen, erziehen Sie es am besten dahingehend, dass es nur nach innen kommt, wenn Sie es durch ein paar Schritte, die Sie selbst rückwärts gehen, dazu auffordern.

Trab

Trab gilt als die Ausbildungsgangart schlechthin, da der Schwung im Trab für mehr Hinterhandaktivität und Rückentätigkeit genutzt werden kann. Ist die Kontrolle im Schritt gefestigt, so kann im Trab gearbeitet werden. Viele Übergänge Trab-Schritt-Trab und Halten-Trab-Halten machen das Pferd aufmerksam und aktivieren Hinterbeine und Bauchmuskeln

Zirkel verkleinern

Wollen Sie eine Verkleinerung des Zirkeldurchmessers erreichen, leiten Sie eine Volte ein, indem Sie langsam auf die Hinterhand des Pferdes zugehen (beim Stoppen des Pferdes wäre es ein schneller, abrupter Schritt auf die Hinterhand zu) und die Longe dabei verkürzen. Die Hinterhand weicht dabei leicht nach außen aus. Das Pferd kommt dadurch mit der Vorhand von allein herein. Ein Widerstand in der Schulter, welchen viele Pferde der anstrengenden Biegung entgegensetzen, taucht dabei erst einmal nicht auf. Mit ein paar Schritten haben Sie eine beachtliche Verkleinerung des Zirkeldurchmessers erreicht, ohne dass Sie das Pferd hereinzerren mussten. Ist der Zirkel verkleinert, können Sie das innere Hinterbein mit einem kurzen Antippen

Richtungswechsel mit anschließendem Herausspringen im Galopp.

unter das Pferd bringen, sodass es sich auch biegt.

Der »richtige« Galopp

Besonders junge Pferde und solche, die auf einer Seite deutliche Steifheiten zeigen, neigen dazu, an der Longe im Außengalopp oder im Kreuzgalopp anzuspringen. Abgesehen davon, dass das falsche Anspringen sofort durch Zurücknehmen in den Schritt oder Trab und neues Anspringen-Lassen korrigiert werden muss, sollten Sie die Möglichkeit nutzen, dem Pferd das Angaloppieren im Außengalopp von vornherein zu erschweren.

Stellen Sie das Pferd vor dem Angaloppieren durch ein Annehmen der Longe etwas stärker nach innen und lassen es in dem Moment vorne los, in dem Sie das verbale Kommando zum Angaloppieren geben. In diesem Moment bekommt das Pferd durch das Loslassen Hals und Kopf und damit die innere Schulter frei (und höher) und kippt nicht über die innere Schulter in die Wendung hinein.

Sinnvoll ist es auch, das Pferd möglichst aus dem Schritt angaloppieren zu lassen. Es kann dann nicht in den Galopp hineinrennen, wird also nicht gleich so schnell, dass es auf der Kreisbahn des Zirkels Probleme mit der Balance bekommt.

Stellen Sie sich genau vor, wie das Pferd angaloppiert: Es beginnt den Galoppsprung mit dem äußeren Hinterbein, die Diagonale inneres Hin-

Tempo verstärken: Seil und Bewegungsrichtung zielt hinter die Hinterhand des Pferdes.

terbein plus äußeres Vorderbein folgt, und dann das optisch führende innere Vorderbein. Dabei muss die innere Schulter hoch kommen. Das Pferd muss nach oben herausspringen und darf sich nicht mit tiefem Hals »in den Boden bohren« und auf die innere Schulter fallen. Auch auf Distanz hilft das »richtige« Bild im Kopf des Menschen dem Pferd bei der gewünschten Ausführung.

Tempokontrolle

Um das Tempo in einer beliebigen Gangart zu verstärken, zielen Sie mit Stick oder Seilpropeller direkt hinter die Hinterhand des Pferdes. (Die Zielrichtung auf die Hinterhand würde diese heraustreiben.)

Bei der Verstärkung des Tempos soll das Pferd jedoch nicht aus dem Takt geraten. Es soll vielmehr den Raumgriff erweitern – also die Länge der Tritte bei gleichem Takt vergrößern. Sie dürfen deswegen das Pferd für eine Tempoverstärkung nicht mit zu starken Hilfen vorwärts »jagen«. Auch hier hilft eine präzise Vorstellung der gewünschten Bewegung im Kopf des Menschen. Das Pferd soll sich auch in der Verstärkung hinten »setzen« und vorne hochkommen, nur dann ist die Schulter frei genug für eine richtige Verstärkung. Ist das Pferd durch das Grundlagentraining sensibel auf Ihre Signale gemacht worden, wird oft schon ein Aufmuntern mit der Stimme reichen. Reagiert das Pferd schlecht auf die Aufforderung zum Verstärken des Tempos, so liegt das häufig daran, dass es sich im Rücken festhält. Sie können zur Korrektur den Zirkel verkleinern, es damit etwas stärker biegen und es schließlich wieder hinausschicken. Nach der verstärkten Biegung ist es froh, wenn es sich wieder

Tempo zurücknehmen: Schulter hereindrehen und Hand heben. Mit dieser Drehung blockieren Sie die Vorwärtsbewegung. Sie stehen praktisch frontal vor dem Pferd, aber versetzt nach innen.

in freierer Bewegung entspannen darf. Es wird den Rücken dehnen und von sich aus etwas zulegen. Es ist froh, aus dem anstrengenden »Kniebeugegang« entlassen zu werden. Eine richtige Verstärkung lässt man nur heraus; man kann sie nicht heraustreiben.

Um das Tempo zurückzunehmen, machen Sie einen Schritt, der auf den Platz vor dem Kopf des Pferdes zielt. Die Bewegung muss jedoch wohldosiert und langsam sein. Tritt man dem Pferd dabei völlig in den Weg, so verlangsamt man es nicht, sondern hält es an.

Bei Pferden, die schon sensibel genug reagieren, verändern Sie Ihre eigene Position nur insoweit, dass Sie mit dem Arm, der die Longe hält, vor die Nase des Pferdes zielen können. Heben Sie dann diesen Arm, so wirkt das bremsend auf das Pferd. Eine Verstärkung dieser Armhilfe wäre es, den Stick vor die Nase des Pferdes zu halten. Dazu müssten Sie jedoch mit der Hand, die den Stick hält, den Arm, der die Longe hält, überkreuzen. Da dies meist nur zu Verwicklungen führt, wechseln Sie besser Longen- und Stick-Hand. Dazu führen Sie am einfachsten den Stick unter der Longe durch.

Arbeiten Sie ohne Stick, heben Sie den führenden Arm und drehen die führende Schulter leicht Richtung Pferd. Auch hier wird das Pferd anhalten, wenn Sie die Hilfe zu stark geben.

Die freie Arbeit im Roundpen

Richtungswechsel nach innen

Als Alternative zum »normalen Longieren« kann nun derjenige, der Lust auf »Mehr« und auf noch feinere Abstimmung des Pferdes auf seine

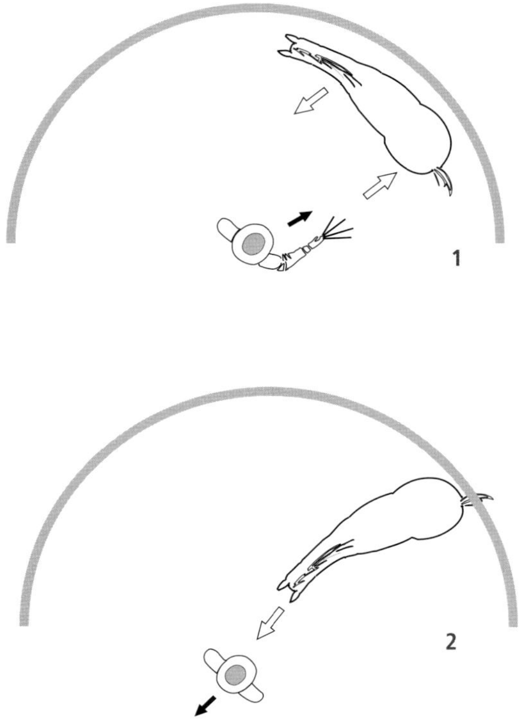

Positionswechsel des Menschen für einen Richtungswechsel im Roundpen

Körpersignale bekommen hat, im Roundpen arbeiten.

Als Hilfsmittel genügen wieder Halfter/Kappzaum und – anfangs – das lange Seil. Bei der freien Arbeit ist es wichtig, dass Sie in der Zeit, in der Sie keine Reaktion vom Pferd erwarten, völlig still in der Mitte stehen und sich nur dann bewegen, wenn Sie dem Pferd einen Befehl geben wollen. Auch hier gilt: soviel wie nötig, sowenig wie möglich. Vermeiden Sie das »Mitlaufen« in einem kleinen inneren Kreis, wenn Sie nichts damit bezwecken. Jede Bewegung des Menschen soll für das Pferd ein Signal sein. Mit zuviel unnötiger, sinnloser Bewegung stumpfen Sie das Pferd ab. Es wird auf die »wichtigen« Bewegungen dann nicht mehr gut genug reagieren.

Longieren Sie das Pferd im Schritt und Trab. Dazu schicken Sie es erst einmal aus der Mitte im Bogen von sich weg. Der führende Arm zeigt dem Pferd die Richtung, die andere Hand kann das freie Seilende propellern lassen, um dem Befehl Nachdruck zu verleihen.

Das Pferd trabt nun beispielsweise rechts herum im Roundpen. Wollen Sie es anhalten, so machen Sie einen Schritt schräg nach links auf die Hinterhand zu. Sitzt die Vorübung des Hinterhandweichens, so wird es auch auf die weitere Distanz mit der Hinterhand nach außen weichen und in der Folge den Ausbilder anschauen.

Oder Sie stoppen Ihr Pferd, indem Sie ihm in den Weg treten. Dabei zielen Sie mit Ihrer Bewegung vor seine Vorhand.

Nun können Sie es die Richtung wechseln lassen: Holen Sie das Pferd ein Stück zu sich herein, indem Sie Zug mit dem Seil ausüben und ein paar Schritte rückwärts gehen.

Arbeiten Sie statt mit dem Seilende mit dem Stick, so muss dieser nach hinten zeigen, wenn Sie das Pferd hereinrufen. Sie klemmen ihn sich am besten unter den Arm. Nun wechseln Sie die Longenhand und zeigen dem Pferd mit dem ausgestreckten linken Arm die neue Richtung, üben evtl. einen leichten Zug in diese Richtung aus. In dem Moment, in dem das Pferd sich ansatzweise in die angegebene Richtung dreht, können Sie mit der rechten Hand (plus Stick oder Seilpropeller) auf die linke Schulter des Pferdes zielen. Es wird dann im Linksbogen um Sie herumlaufen. Dann zielen Sie auf die Mitte des Pferdes, damit es sich noch weiter nach außen entfernt und wieder auf die äußere Kreisbahn kommt. Das Pferd hat jetzt die Richtung gewechselt. Mit zunehmender Routine und Übung kann dies im Trab und schließlich auch im Galopp in einer einzigen flüssigen Bewegung geschehen.

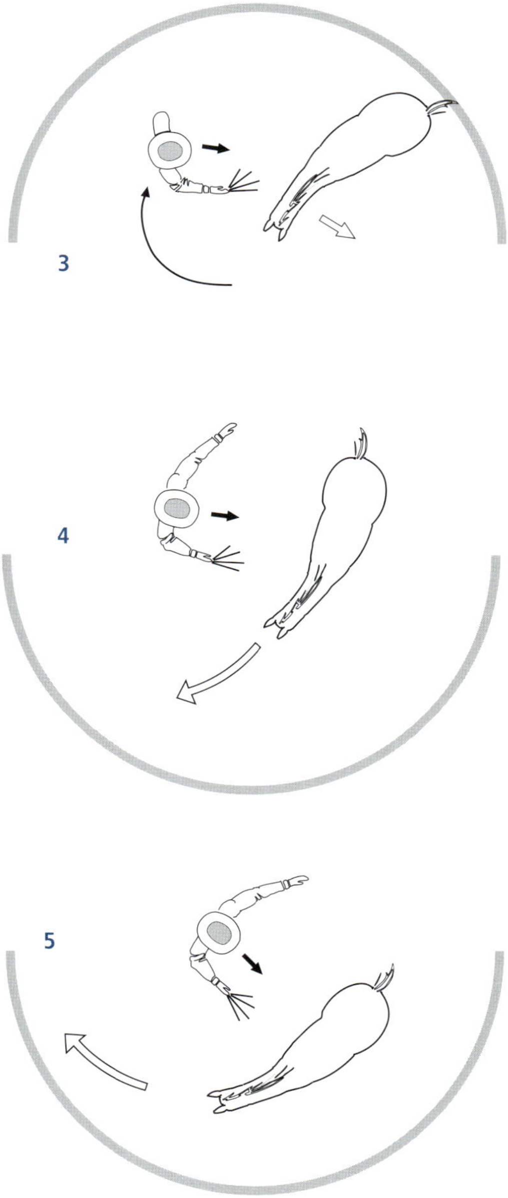

Szenen der freien Arbeit ohne Hilfsmittel.

Um den Richtungswechsel flüssiger zu machen, holen Sie das Pferd später nicht mehr direkt zu sich heran, nachdem die Hinterhand ausgewichen ist, sondern treten etwas aus der Zirkelmitte zur Seite und lassen das Pferd mit ausgestrecktem Arm seitlich an sich vorbeilaufen. Damit bekommen Sie schnelleren und besseren Zugriff auf die Schulter und Vorhand des Pferdes, die ja beim Richtungswechsel in die neue Richtung und nach außen getrieben wird.

Haben Sie das Gefühl, das Pferd reagiert auf die eigenen Körpersignale sicher und willig, so sollte das relativ bald bei richtigem Einsatz des eigenen Körpers auch ohne Longe/Seil funktionieren, und der Grundstein für die freie Arbeit ist gelegt.

KAPITEL 10

Angstbewältigung Feinabstimmung Vertrauensaufbau

Aussacken

Eine Art der Angstüberwindung ist das Aussacken, mit dem die Westernreiter ihre Pferde vor dem ersten Satteln abhärten.

Beim Aussacken berühren Sie das Pferd mit einer Plastiktüte, raschelnden Plane, Decke, einem Sack oder Ähnlichem. Lassen Sie dem Pferd die Freiheit, im Bereich des Leitseils (oder auch ganz frei in einem abgegrenzten Bereich wie Roundpen oder Longierhalle) wegzuspringen. Binden Sie es unter keinen Umständen dabei fest.

Um die Reichweite des eigenen Armes zu verlängern, können Sie Tüten, Decken oder Luftballons auch an einem Stock befestigen. Oder Sie rollen Gymnastik-Bälle oder andere Gegenstände ohne scharfe Kanten auf das Pferd zu.

Es wird eine Weile mit allen Anzeichen des Schreckens (Alarmhaltung) hin und her springen und das »Spiel« mit der Zeit sattbekommen, wenn es merkt, dass auch das knisternde Plastik oder der klappernde Sack ihm nichts tun.
Akzeptiert das Pferd eine vorsichtige Berührung, gehen Sie schwungvoller ans Werk und werfen Decken oder Säcke über seinen Rücken. Es gibt viele Möglichkeiten, diese Übung zu variieren. Z. B. können Sie das Pferd in eine Plane einwickeln.
In ähnlicher Form können Sie das Pferd an Peitsche, Stick oder die Berührung von Seilen an den Hinterbeinen gewöhnen (für die Arbeit mit der Doppellonge ist dies von Bedeutung).
Bleiben Sie bei solchen Übungen immer souverän und ruhig – auch wenn das Pferd noch so hektisch um Sie herumkreiselt. Und passen Sie auf, dass das Pferd sich nicht mit den Beinen in irgendetwas verheddern kann.

Andere Angstbewältigungsstrategien gehen Hand in Hand mit der Feinabstimmung der Arbeit an Trailhindernissen. Insbesondere Engpasstraining, »unsicherer Grund«, wie Wippen

Angstbewältigung und Vertrauensaufbau: Setzen Sie das Pferd Angst erzeugenden Reizen aus; lassen Sie es herumzappeln; bleiben Sie selbst ruhig und sorgen dafür, dass sich auch das Pferd wieder beruhigt. Hier dient eine Plastikplane als Übungsinstrument.

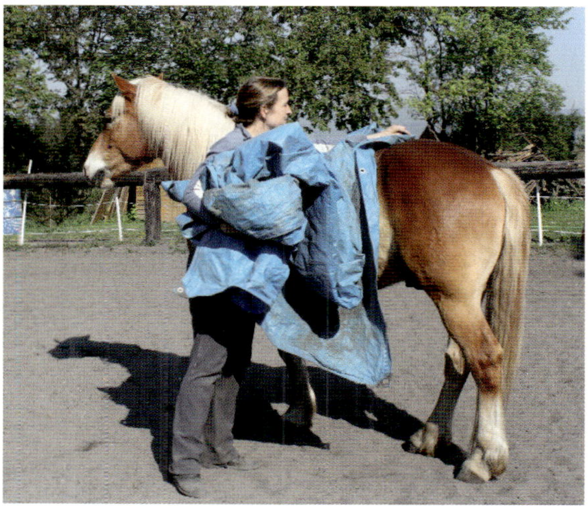

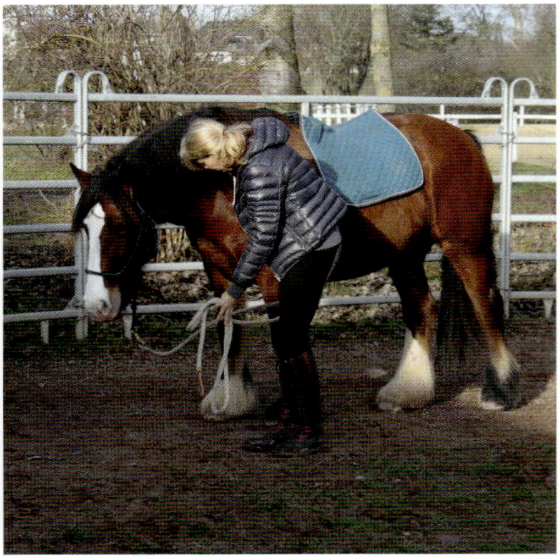

linke Seite: Angstbewältigung
Der Haflinger spielt schon mit der »gefährlichen« Plane.
Die Kaltblutstute lässt sich nur zögernd davon überzeugen, dass die Satteldecke nicht beißt.

und Brücken oder das Durchschreiten von Flattertoren sind gute Angstbewältigungsübungen und festigen – richtig ausgeführt – das Vertrauen zwischen Mensch und Pferd.

Feinabstimmung und Vertrauensaufbau an Trailhindernissen

Durch das Training an verschiedenen Trailhindernissen erreichen Sie eine Feinabstimmung in Ihrer Zusammenarbeit mit dem Pferd.
Durch immer wieder neue Varianten von Hindernissen erhalten Sie das Interesse des Pferdes an der Arbeit und sichern sich seine Aufmerksamkeit. Und Sie verschaffen dem Pferd ein besseres Nervenkostüm. Das Pferd lernt, hinzuschauen, wohin es tritt, seine Hufe vorsichtig und gezielt zu positionieren. Es gerät nicht mehr so leicht aus der Fassung, wenn es doch einmal »Stangensalat« produziert oder irgendwo hängen bleibt.

Hilfsmittel, Abstand

Manchmal kann es nötig sein, zusätzlich mit dem Stick zu arbeiten. Prinzipiell sollten aber die meisten Übungen weitgehend durch den Einsatz des eigenen Körpers (Position und Gestik) gesteuert werden können. Es gilt das Gebot der Minimierung von Signalen und Hilfsmitteln.

Trailübungen sind auch ein gutes Betätigungsfeld für eine Arbeit ohne Leitseil. Hat das Pferd die Übungen begriffen, so können Sie versuchen, es nur mit dem Einsatz der eigenen Körpersprache durch Hindernisse zu dirigieren – ohne Halfter und ohne Führstrick. Eine eindrucksvolle Vorstellung der freiwilligen Zusammenarbeit von Mensch und Pferd.

Ein Trail-Spielplatz: Flattertore, Planen, Müllhalden (aus ungefährlichem Plastikmüll!), Bälle und sonstige Angstauslöser sorgen für Abhärtung.

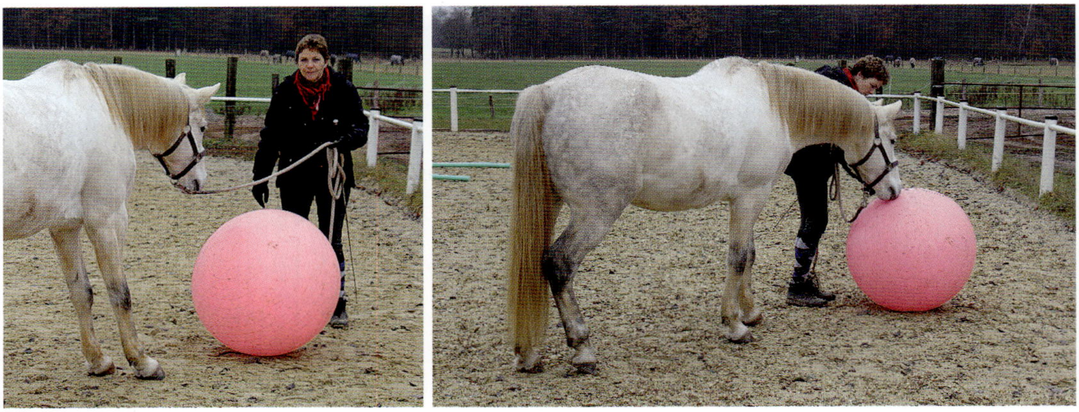

Vorsichtige Annäherung an den gefährlichen Ball.

Arbeiten Sie in den Trailhindernissen möglichst auf Distanz. Nur dann haben Sie selbst genug Bewegungsspielraum für überdeutliche (ausladende) Körpersignale, wenn sie anfangs nötig sein sollten. Und Sie sind sicherer vor möglicherweise heftigen Reaktionen des Pferdes.

Der beste Abstand zwischen Ihnen und dem Pferd für die folgenden Übungen beträgt etwa 1–1,5 m. Situationsbedingt kann/muss er jedoch kurzfristig variiert werden.

Hindernisse

Rückwärts durch eine gerade Stangengasse

Unser Pferd hat gelernt, sich von uns rückwärts wegschicken zu lassen, und es hat gelernt, aufmerksam unsere Bewegungen zu verfolgen. Durch unsere eigene Position geben wir ihm die Richtung an. Stehen wir rechts von seiner Längsachse, wird es mit der Hinterhand nach links ausweichen – stehen wir links davon, wird es nach rechts ausweichen. Denn es ist bestrebt,

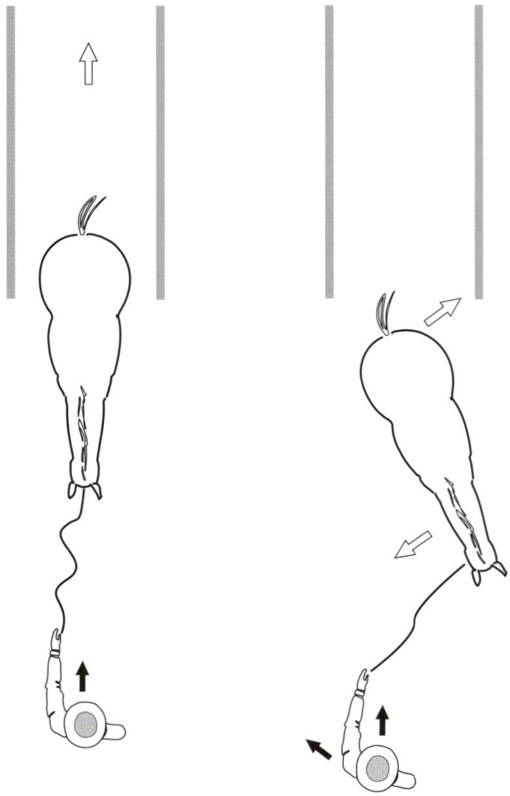

Einfädeln in die Stangengasse. Korrektur der Bewegungsrichtung durch Positionswechsel des Menschen.

Rückwärts durch eine Gasse. Der Mensch könnte etwas mehr Abstand haben.

uns immer frontal anzuschauen, es will unsere Signale immer im Auge haben, wenn unser Grundlagentraining erfolgreich war.

Mit diesen Voraussetzungen ist es ein Leichtes, das Pferd rückwärts in die Stangengasse »einzufädeln« und es dort geradezuhalten.
Später können Sie das Pferd gewollt schräg rückwärts an die Öffnung heranführen und erst kurz vorher ausrichten.

Rückwärts im Zick-Zack

Diese Übung ist schon etwas schwieriger, denn sie impliziert dauernden Richtungswechsel. Sie können jedoch dem Pferd am Anfang viel Platz für den Richtungswechsel lassen, wenn Sie die Abstände zwischen den Pylonen sehr groß machen. Später verkleinern Sie sie und fordern damit ein genaueres Manövrieren.

Positionsbestimmung

Die jeweils richtige Position von Pferd und Mensch können Sie am besten anhand der Abbildung auf der nächsten Seite studieren. Das Pferd richtet sich mit seiner Längsachse frontal zum Ausbilder aus (siehe auch Fixierung). Die nötige eigene Position bestimmen Sie dementsprechend, indem Sie sich an einen Punkt bewegen, der auf der gedachten neuen Richtungsgeraden und etwa 1,5–2 m vom Pferdekopf entfernt liegt. Das klingt fürchterlich kompliziert. Nach den ersten Versuchen werden Sie sich jedoch bewegen, ohne groß darüber nachzudenken. Ihre Bewegungsrichtung stimmt immer dann, wenn das Pferd in gewünschter Weise reagiert. So einfach ist das.

Reagiert es nicht, gibt es drei Hauptgründe:
1. Das Grundlagenstraining ist nur halbherzig

Horse Walking Hindernisse

Wofür ist die Arbeit an Trailhindernissen gut?

- Der Mensch lernt, seine Körpersprache zu verfeinern und das Pferd besser zu beobachten.
- Konzentration und Achtsamkeit sowie die Fokussierung des Menschen auf eine bestimmte Aufgabe bzw. einen bestimmten Körperteil des Pferdes, der ausweichen soll, werden verbessert.
- Das Pferd lernt, aufmerksamer auf die Signale des Menschen zu achten.
- Trailarbeit dient dem Vertrauensaufbau und der Feinabstimmung.
- Die Orientierung des Menschen im Raum wird besser.

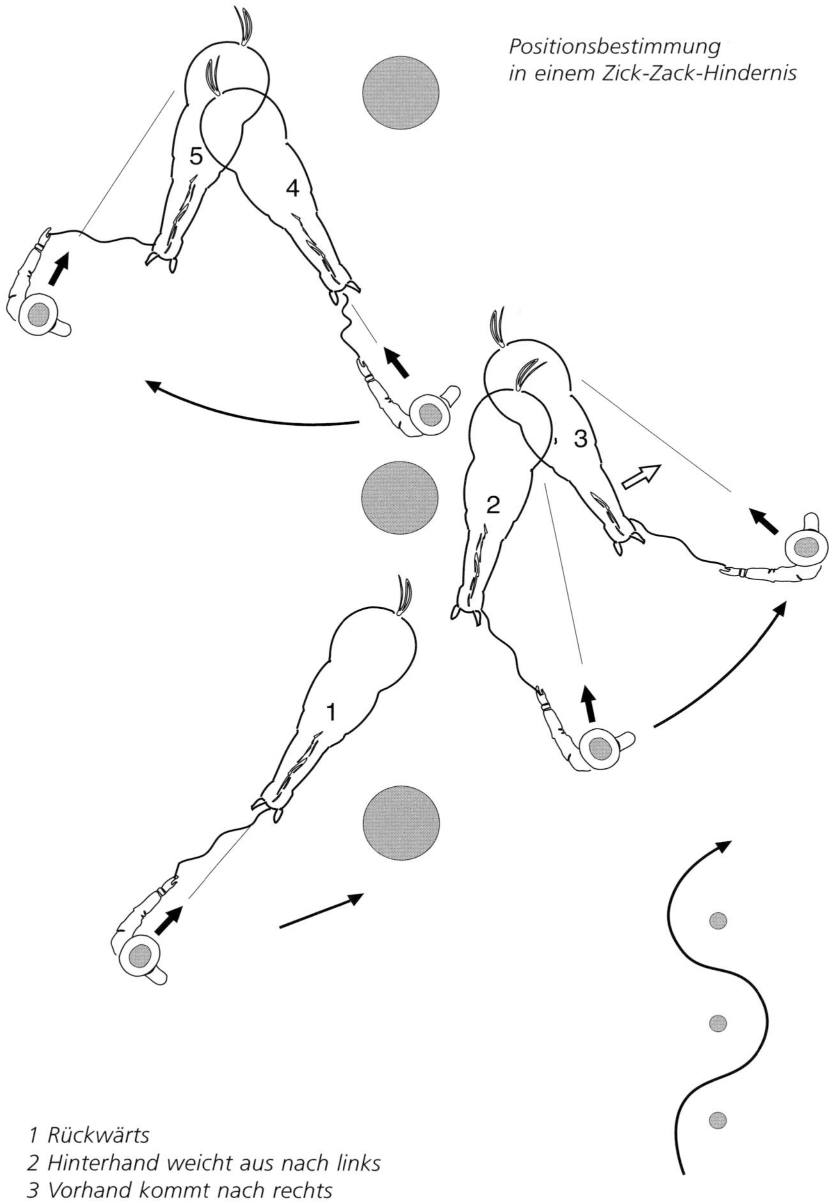

Positionsbestimmung in einem Zick-Zack-Hindernis

1 Rückwärts
2 Hinterhand weicht aus nach links
3 Vorhand kommt nach rechts
4 weiter rückwärts
5 Hinterhand weicht nach rechts aus

Beabsichtigte Bewegungsrichtung

durchgeführt worden (das Pferd ist also unaufmerksam und glotzt in der Gegend herum).
2. Ihre Körpersprache ist nicht deutlich genug.
3. Ihre Position und Bewegungsrichtung in Beziehung zum Pferd stimmen nicht.

Rückwärts durch das Stangen-L

Diese Übung ist eigentlich nur eine Variante des Zick-Zack-Hindernisses.
Die Schwierigkeit liegt darin, dass ein sehr zielgenaues Manöver in der rechtwinkligen Richtungsänderung erforderlich ist. Das Pferd darf nicht zu schnell werden. Viele Pferde wollen möglichst schnell aus dem Hindernis wieder raus, denn sie sehen ja nicht, wohin sie laufen und stoßen ab und zu mit den Hufen an die Stange. Vermeiden Sie ein Hindurchrennen des Pferdes, indem Sie sich entsprechend langsam bewegen und immer wieder stehen bleiben.
Das Pferd soll stehen bleiben, wenn Sie stehen bleiben!
Ihre Positionsänderung wird dadurch zu einer langsamen Zentimeterarbeit. Sie wird jedoch mit zunehmender Übung weitgehend intuitiv erfolgen, wenn Sie die Reaktionen des Pferdes dabei nicht aus den Augen lassen.

Viele Menschen machen anfangs (wie die Pferde) den Fehler, sich schnell und hektisch zu bewegen – mit dem unbewussten Gedanken, möglichst rasch das komplizierte Hindernis hinter sich zu haben. Auslöser ist oft ein Wunsch nach Perfektion, auch wenn es sich nur um Übungen handelt. Befreien Sie sich von dem Wunsch nach sofortigem, perfektem Gelingen einer Übung. Es braucht nur ein wenig Selbstbewusstsein, um eventuelle Zuschauer bei missglückten Übungen ignorieren zu können. Dem Pferd sind Fehler in diesem Bereich egal, solange Sie es nicht für

Rückwärts durch eine L-Form. Besser wäre mehr Abstand zwischen Pferd und Mensch, inbesondere in der Ecke.

Nochmal das L mit Positionswechsel aus einer anderen Persepktive mit besserem Abstand zwischen Pferd und Mensch.

einen Fehler bestrafen, den Sie selbst gemacht haben – durch eine falsche Position oder missverständliche Körpersprache. Und nur um das Pferd geht es. Nur das Pferd muss verstehen, was Sie wollen – nicht der, der am Rand steht und vielleicht lacht.

Immer, wenn das Pferd tatsächlich nicht aufgrund falscher Körpersprache schlecht reagiert, sondern unaufmerksam in der Landschaft herumguckt, setzen Sie ein verbales Kommando, das kreisende Seilende oder den Stick ein, um es wieder aufmerksam zu machen. Haben Sie erst einmal etwas Erfahrung mit den Trailübungen gesammelt, so werden Sie erstaunt sein, wie einfach das eigentlich funktioniert.

Seitwärts über eine Stange

Dazu müssen Sie meist zu Anfang etwas näher an das Pferd herangehen. Stellen Sie sich neben das Pferd – hinter die Schulter. Den genauen Punkt, der dazu führt, dass das Pferd im 90-Grad-Winkel ausweicht – weder stärker mit der Hinterhand noch stärker mit der Vorhand – müssen Sie durch Ausprobieren herausfinden. Haben Sie Ihre Position gefunden, so setzen Sie sich in Richtung des Pferdes in Bewegung. Ihre Bewegung soll langsam und kontrolliert sein. Auch das kreisende Seilende muss vorsichtig eingesetzt werden. Manchmal kann es nötig sein, dass Sie dem Pferd noch einen kleinen Anstoß geben, der ihm signalisiert, dass es nun seitlich ausweichen soll – in Form eines Schüttelns des Führstrickes unter dem Kinn oder/ und eines verbalen Kommandos, wie »Auf« oder »Komm« etc.

Läuft Ihnen das Pferd nach vorne weg, können Sie auch anfangs eine Variante des Seitwärtstretens trainieren, bei der Sie vor dem Pferd stehen und sich selbst seitwärts bewegen. Das Pferd folgt Ihnen mit der Vorhand seitwärts. Die

Seitwärts über eine Stange: in diesen beiden Phasen sieht man deutlich, dass der Mensch sich gar nicht selbst bewegen muss, um das Pferd zu steuern. Konzentrieren Sie sich auf das Bein des Pferdes, welches sich bewegen soll und stellen sich vor, wohin das Pferd es setzen soll. Ein Zeigen mit dem Leitseil in die gewünschte Bewegungsrichtung und ein minimales Schwingen des Seilendes reicht als Zusatzhilfe.

Hinterbeine touchieren Sie mit einer langen Gerte und »nehmen sie auf diese Weise mit«. Oft reicht auch schon ein Zeigen aufs Hinterbein, welches seitwärts treten soll.

Oft genügt es schon, sich genau vorzustellen, welches Bein das Pferd bewegen soll. Pferde sind Meister im Lesen der Körpersprache. Und Ihre Gedanken zeigen sich sofort in Ihrem Körperausdruck. Ihr Pferd kann in diesem Zusammenhang wirklich Gedanken lesen. Aber nur, wenn es Sie sehen kann; auch deswegen gilt es, Abstand zu halten. Denn das Pferd sieht zwar fast 360 Grad rundum, aber direkt vor und hinter sich nichts.

Seitwärts über Stangen mit Winkeln

Diese Übung stellt eine Kombination aus der Seitwärtsbewegung plus Vorhandwendung bzw. Hinterhandwendung dar.

Das Seitwärtstreten über die einzelne Stange sollte jedoch auf jeden Fall schon sicher funktionieren, bevor Sie diese zusammengesetzten Übungen in Angriff nehmen. Zum Einleiten der Vorhandwendung bewegen Sie sich Richtung Hinterhand des Pferdes und zielen auf den inneren Hinterhuf, jedoch langsamer als beim Ausweichtraining. Zum Einleiten der Hinterhandwendung bewegen Sie sich Richtung Schulter. Dabei müssen Sie darauf achten, dass sich das Pferd nicht zu Ihnen hin biegt. Es sollte in der Längsachse weitgehend gerade bleiben. Biegt es den Hals zu sehr, so können Sie das Seil ein wenig schütteln und die Hand mit diesem in Richtung der Wendung führen. Auch ein leichtes Antippen mit der Kugelspitze des Sticks am oberen Hals oder den Backen des Pferdes kann helfen.

Wichtig ist, dass Sie ganz genau im Kopf haben, welches Körperteil des Pferdes Sie wohin bewegen wollen. Stellen Sie sich genau vor, wie sich

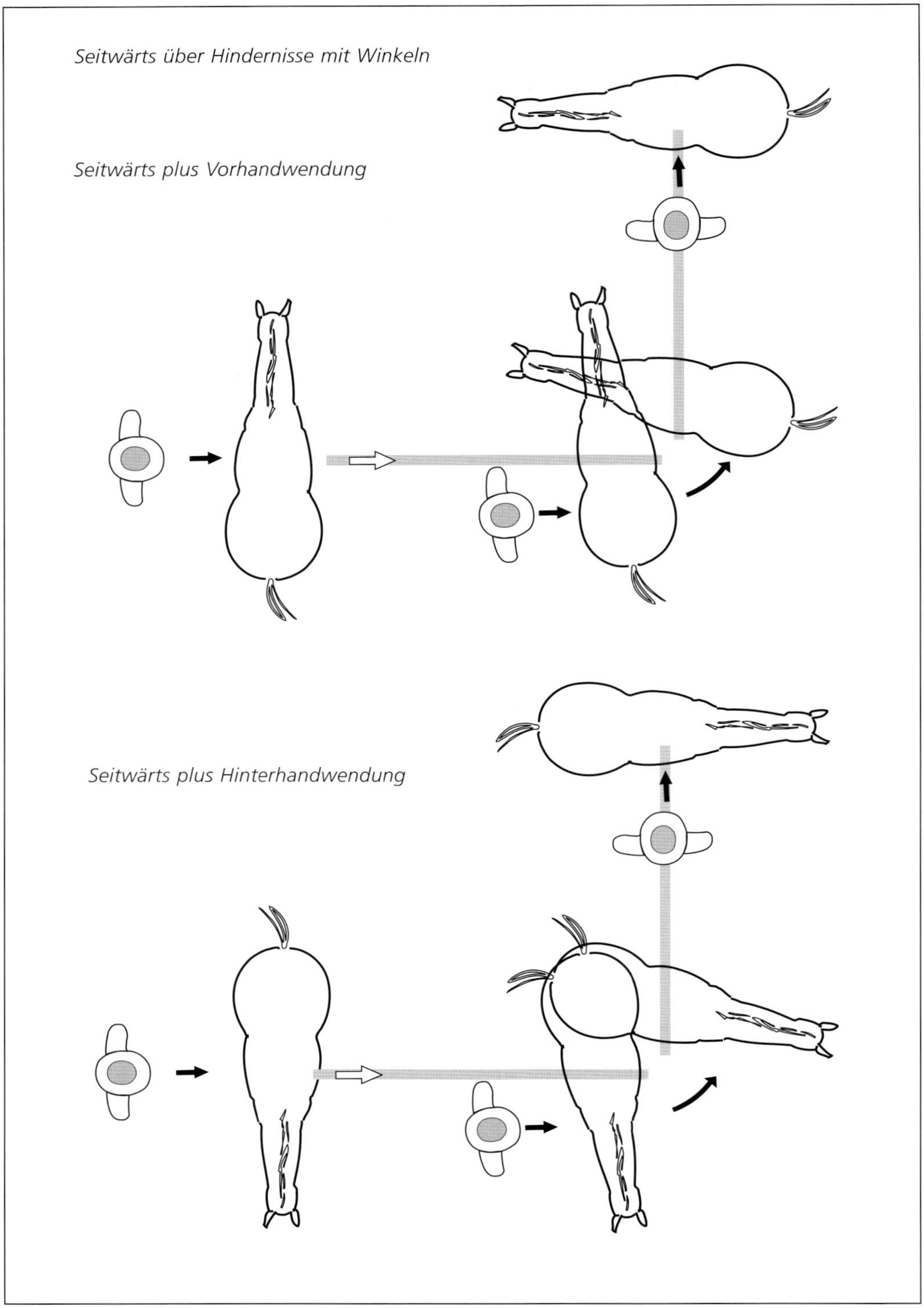
Seitwärts über Hindernisse mit Winkeln
Seitwärts plus Vorhandwendung
Seitwärts plus Hinterhandwendung

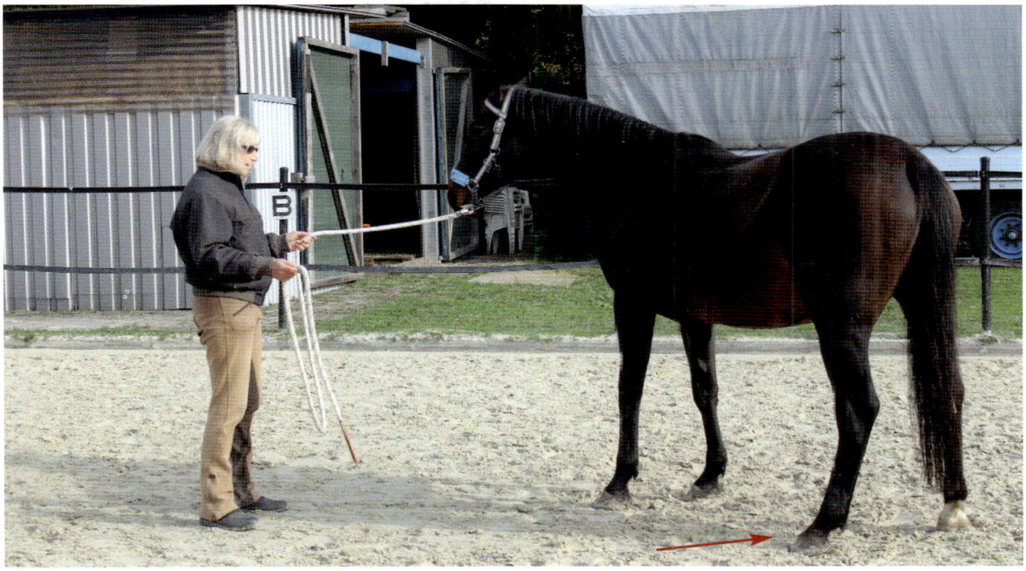

Steuerung durch Gedankenkraft: Das Pferd soll die Hinterhand langsam mit kleinen Tritten (für das Einfädeln in eine Gasse) nach rechts bewegen.
Der Mensch fixiert seinen Blick auf das linke Hinterbein, stellt sich vor, dass es zur Seite ausweicht (roter Pfeil) und zielt auch mit leicht schwingendem Seilende auf die Hufspitze. Das reicht, um das Pferd zum Seitwärtstreten zu veranlassen

das Pferd und Sie selbst gemeinsam im Hindernis bewegen wollen.

Kreuz und Quer

Hat sich das Pferd eine Weile mit recht übersichtlichen Hindernissen auseinandergesetzt und absolviert sie ruhig und aufmerksam, so können Sie es etwas stärker fordern. Bauen Sie sich z.B. ein Gewirr aus Stangen, Luftballons, alten Autoreifen, Strohballen etc. (Sie können alles verwenden, was ungefährlich und ohne scharfe Kanten ist, sollte das Pferd doch einmal wild in dem Gewirr herumspringen und nicht aufpassen, wohin es tritt.) Gut geeignet, da weich und nachgiebig, sind die Schwimmnudeln aus dem Trailbaukasten, die man locker streuen oder gezielt zu verschiedenen Figuren legen kann.

Führen Sie das Pferd hindurch, anfangs mit der einfachsten Methode = Mensch vor Pferd. In der Mitte lassen Sie es anhalten – es soll ruhig, mit tiefer Nase und ohne Aufregung stehen. Viele Pferde fühlen sich durch das verwirrende Puzzle am Boden in ihrer freien Bewegung gehindert und reagieren mit Angst und Hektik – sie wollen das Hindernis möglichst schnell wieder verlassen. Haben sie nicht genug Respekt vor Ihnen, werden sie auch versuchen, an Ihnen vorbeizudrängeln. Lassen Sie das nicht zu. Rechnen Sie mit Schwierigkeiten in unübersichtlichen Hindernissen, so können Sie diese in der Mitte »entschärfen«, d.h. offener machen.

Haben Sie das Pferd ein paar Mal hindurchgeführt, so beginnen Sie mit der Kontrolle der Bewegung. Lassen Sie das Pferd z.B. mit dem

Kreuz und quer: Das Pferd lernt, seine Hufe gezielt zu platzieren und hinzuschauen, wohin es tritt.

Auch unter dem Reiter ist ein Labyrinth eine gute Übung. Hier sind einfach ein paar von den Schaumstoffstangen locker hingeworfen.

Vorderhuf abfußen, indem Sie es auffordern, Ihnen zu folgen, und blockieren Sie sofort wieder die Bewegung, indem Sie abrupt stehen bleiben. Das Pferd muss sich nun ein freies Fleckchen suchen, wo es den Fuß hinsetzen kann. Je enger das Gewirr liegt, desto mehr muss es überlegen und hinschauen. Steht es wieder auf allen vier Beinen, so setzen Sie die Übung fort – einen Schritt vorwärts und sofort wieder stehenbleiben. Manchmal ist es sinnvoll, wenn Sie sich dabei rückwärts bewegen, um die Reaktionen Ihres Pferdes immer im Auge zu haben. Später schicken Sie das Pferd im Bogen durch das Hindernis und bleiben selbst außerhalb stehen. Auch dann noch können Sie es mit verbalen Kommandos und durch eine Wellenbewegung des Strickes mitten in der Bewegung anhalten.

Mit freier Arbeit können Sie überprüfen, ob das Pferd Spaß an der Arbeit hat und auch ohne Zwangsmittel bei Ihnen bleibt.

Sinn der Übung ist, bald jede Bewegung des Pferdes kontrollieren zu können, auch wenn ihm eine Situation nicht geheuer ist – eine ungemein vertrauensbildende Maßnahme. Insbesondere, wenn Sie später mit dem Pferd in unübersichtlichem Gelände unterwegs sein wollen, ist dies eine gute Übung, bei der das Pferd lernt, abzuwarten und nicht einfach das komplizierte Hindernis so schnell wie möglich hinter sich zu bringen.
Plastikplanen, Decken, bunte Bälle, alles, was dem Pferd Angst einjagen könnte, kann man für die Gestaltung solcher Übungen verwenden.

Wer mag, kann die gute Zusammenarbeit zwischen sich und seinem Pferd schließlich auch unter Turnierbedingungen zeigen.

Im Gelände

Schließlich können Sie mit Ihrem Pferd auch an echten oder simulierten Geländeschwierigkeiten (Nachbauten auf dem Reitplatz) trainieren.
Mehr oder weniger steile Abhänge, Wasser, Brücken, Natur-Hindernisse, Auf- und Absprünge, wie das Billard, Wälle und ihre Abarten oder »Löcher«, in die das Pferd hineinspringen soll, gehören dazu. Dabei ist es wichtig, dass Sie das Pferd gezielt – auch im Bogen – von sich wegschicken und jederzeit anhalten können, wie im Grundlagentraining beschrieben.
In Fällen dieses Hindernistrainings ist es »gesünder«, sich nicht vor dem Pferd zu befinden; die Gefahr, dass es doch einmal irgendwo wegdreht, ausrutscht oder sonstwie unkontrolliert abspringt, ist recht groß. Bleiben Sie also aus der

»Gefahrenzone« heraus, wenn es irgendwie möglich ist.

Vertrauensbeweise

Besonders Rückwärtsübungen bergauf und bergab und unsicherer Grund, den Sie z.B. mit einer Wippe simulieren können, stellen erhöhte Anforderungen an das Pferd. Es muss sich darauf verlassen, dass Sie es nicht ins Verderben schicken. Dazu gehört ein enormes Vertrauen. Wie sehr das Pferd Ihnen vertrauen muss, können Sie einmal am eigenen Leibe ausprobieren, wenn Sie sich von einem Partner rückwärts dirigieren lassen. Beim Tanzen kommt eine solche Situation häufig vor – der geführte Partner weiß oft nicht, wohin er tritt und muss sich darauf verlassen, dass hinter ihm auch Platz ist. Noch interessanter wird das Experiment, wenn Sie sich statt auf dem glatten Parkett in unebenem Gelände bewegen (siehe auch Führen+Folgen Übungen ohne Pferd).

Wenn Sie das Pferd einen flachen Hügel ohne irgendwelche Stufen oder besondere Unebenheiten rückwärts hinaufschicken wollen, wird das wenig Probleme bereiten, denn es verliert nie den Grund unter den Hinterhufen.

Das Hinunterschicken kann mehr Probleme verursachen. Beginnen Sie mit einem flachen Hügel, auf dessen Kuppe Sie und Ihr Pferd voreinander stehen können. Schicken Sie nun das Pferd mit dem Wellenschlag rückwärts von sich weg oder bewegen sich aufs Pferd zu. Es wird zögern, wenn es mit dem Hinterhuf ins Leere tritt, und versuchen, sich wieder nach vorne zu bewegen. Unterbinden Sie nur die Vorwärtsbewegung und forcieren die Rückwärtsbewegung nicht. Das Pferd braucht Zeit, um seine Unsicherheit zu überwinden, und wird schließlich langsam mit dem Hinterhuf tasten, wo es wieder Grund findet, und ihn probeweise dort abstellen – meist, noch ohne viel Gewicht darauf zu verlagern. Lassen Sie es einen Moment stehen und das Geschehene verarbeiten. Sieht es ruhig und zufrieden aus, fordern Sie weitere Schritte, bis das Pferd unten ist.

Stufen rückwärts

Richtig schwierig wird es, wenn sich auf einem Abhang kleine, flache Stufen befinden. Wollen Sie das Pferd eine Stufe rückwärts hinauf schicken, so beginnen Sie mit einer ganz niedrigen (14–18 cm). Auf keinen Fall darf sie scharfkantig sein, denn das Pferd kann sich mit dem Fesselgelenk daran stoßen. Es weiß ja nicht, wie hoch die Stufe ist, muss also probieren, wie hoch es das Hinterbein anheben muss, um den von Ihnen geforderten Tritt nach hinten machen zu können. Sie können nun das Pferd erst einmal die Stufen vorwärts hinunterführen, damit es schon eine Idee davon bekommt, wie das Gelände beschaffen ist. Glauben Sie aber nicht, dass es dann sofort die Verknüpfung herstellt: Was runtergeht, geht auch hoch. Das hieße, zuviel Abstraktionsvermögen vom Pferd zu verlangen.

Anfangs verwirren Sie Ihr Pferd mit dieser Übung. Es stößt mit dem Hinterhuf dauernd gegen ein Hindernis – muss also denken, es geht nach hinten nicht weiter. Es wird Ihre Forderung in Frage stellen. Nun dürfen Sie auf keinen Fall die Übung einfach abbrechen, denn das bedeutet, dass Sie einen Teil Ihrer »Glaubwürdigkeit« dem Pferd gegenüber verlieren. Das Pferd hat Ihre Forderung für undurchführbar gehalten und nach seiner »Meinung« gehandelt. Es wird dies daraufhin später noch öfter tun.

Bieten Sie dem Pferd ein abwechslungsreiches Programm, egal, ob draußen im Gelände oder in der Bahn. Nichts ist langweiliger, als ein starres Trainingsschema.

Setzen Sie Ihre Versuche, das Pferd zu einem Schritt die Stufe hoch zu bewegen, geduldig fort, wird es irgendwann den Huf hoch genug heben, um oben Platz zu finden. Es hat nun gemerkt, dass Ihre Forderung nicht undurchführbar ist. Belohnen Sie den ersten Schritt und lassen es eine Weile in Ruhe.

Denken Sie nun nicht, der Rest müsse ganz schnell gehen. Geben Sie dem Pferd weiterhin die Möglichkeit, sich langsam heranzutasten. Bedrängen Sie es nicht, indem Sie ihm zu nahe rücken oder zuviel Druck machen. Seien Sie sich darüber im Klaren, dass manche Übungen viel Zeit brauchen. Diese Zeit müssen Sie auch haben, wenn Sie so etwas anfangen.

Eine gute Vorübung ist es, das Pferd rückwärts über eine quer auf dem Boden liegende Hindernisstange zu schicken. Auch hier spürt es ein Hindernis für die geforderte Bewegung. Es befindet sich im Konflikt zwischen dem, was sein Mensch von ihm will, und dem, was es selbst für möglich hält. Das Pferd muss sich etwas einfallen lassen, wie es den Konflikt lösen kann. Der Ausweg ist das höhere Anheben des Hinterbeines. Das Aha-Erlebnis des Pferdes ist – vermenschlicht ausgedrückt – etwa Folgendes: »Auch, wenn ich die Forderung für undurchführbar halte, so gibt es einen Weg, sie auszuführen.« So wird Vertrauen gefestigt.

Noch schlimmer ist der Schritt rückwärts eine Stufe hinunter. Das Pferd tritt ins Leere und weiß nicht, wie tief. Auch hier bringt es nur wenig Erleichterung, wenn Sie das Pferd die gleiche Stufe, die es später rückwärts hinuntergehen soll, erst einmal hinaufführen.

Das Training an Abhängen und anderen natürlichen Geländeformen kann sich sehr hilfreich erweisen, wenn Sie Ihr Pferd an der Hand an Bäche oder Wassergräben gewöhnen wollen.
Sie können das Pferd hineinschicken, ohne selbst nasse Füße zu bekommen.
Bevor Sie es jedoch ins Wasser schicken, müssen Sie Tiefe und die Bodenbeschaffenheit des Gewässers kennen. Es dient nicht dem Vertrauen des Pferdes, wenn es zwei Schritte ins Wasser macht und sofort den Boden unter den Füßen verliert.

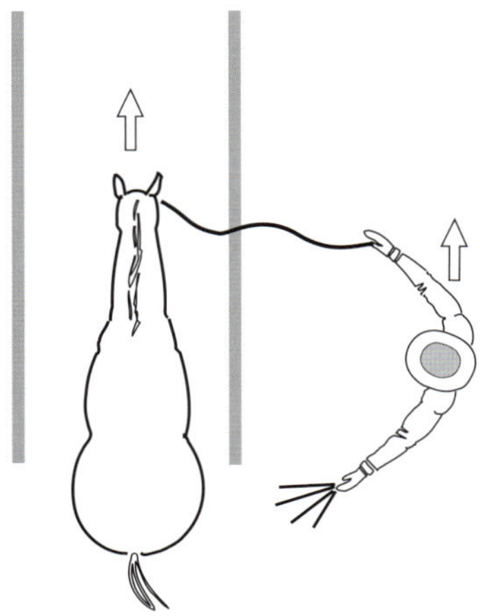

Engpasstraining: Schicken Sie das Pferd durch eine Gasse.
unten: Begegnung in der Flatterband-Gasse – die Pferde sind völlig entspannt.

Engpässe, unsicherer Grund – Hängertraining, Wasser, Brücken und Wippen

Verladetraining ist im Prinzip nichts anderes als ein Training an »Engpässen«. Viele Pferde haben Angst vor Engstellen, weil ihre Fluchtmöglichkeiten eingeschränkt sind. Vorbereitend kann man ein solches Engpasstraining an anderen Hindernissen durchführen. Man kann das Pferd zum Beispiel durch Gassen führen oder schicken, die rechts und links mit Decken verhängt sind, später auch mit Flatterbändern. Auch zwischen sich selbst und einer Wand kann man einen Engpass erzeugen.
Sie brauchen keine Helfer, die oft mehr Verwirrung und Unruhe stiften, als wirklich bei einem Verladeproblem zu helfen. Sie brauchen jedoch am Anfang Zeit – und zwar unbegrenzt. Das bedeutet: Verladen Sie nicht mit dem Ziel, danach mit Pferd im Hänger wegzufahren, sondern anfangs mehrmals nur zu Trainingszwecken.

Zur Vorbereitung erzeugen Sie zwischen sich selbst und der geschlossenen Hängerklappe einen Engpass, durch den Sie das Pferd longieren. Dann öffnen Sie die Hängerklappe und lassen das Pferd quer darüber laufen, immer nötigenfalls mit dem kreisenden Seilende als Nachdruck. Probieren Sie das auf jeden Fall links- und rechtsherum. Wenn es linksherum geht heißt das noch lange nicht, dass es rechtsherum auch funktioniert.
Läuft das Pferd von beiden Seiten ohne Widerstand über die geöffnete Klappe, so ändern Sie Ihren Standort und stellen sich neben den geöffneten Hänger. Lassen Sie das Pferd weiterhin im Kreis um sich herumlaufen, sodass es schließlich frontal vor dem geöffneten Hänger steht. Hier wird es vermutlich zuerst einmal versuchen auszuweichen oder stehen bleiben. Lassen Sie es

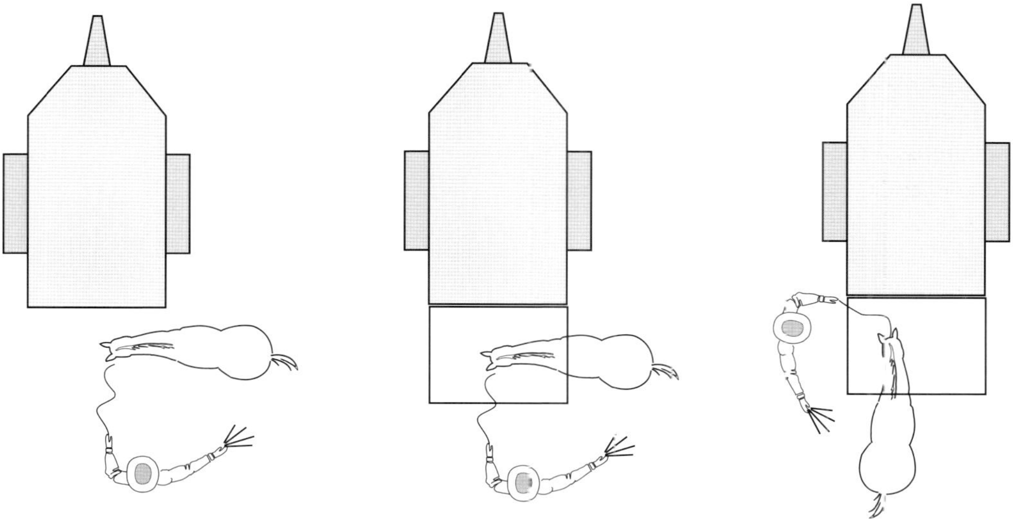

Verladetraining ist nichts anderes als Engpasstraining. Erzeugen Sie einen Engpass zwischen sich und dem Hänger; longieren Sie das Pferd dort durch, später über die geöffnete Klappe und schließlich in den Hänger hinein.

frontal vor dem Hänger stehen und verhindern Sie auf jeden Fall durch Störaktionen, dass es die Aufmerksamkeit vom Hänger wegnimmt und in der Gegend herum schaut.
Es wird schließlich erste zaghafte Ansätze zeigen, in den Hänger hineinzugehen. Am Anfang vielleicht nur mit einem Vorderbein, bevor es wieder einen Rückzieher macht. Haben Sie Geduld und belohnen jeden einzelnen Schritt in die richtige Richtung mit In-Ruhe-Lassen und Lob mit der Stimme. Stören Sie das Pferd immer dann, wenn es die Aufmerksamkeit wegnehmen will oder rückwärts zieht.

Achtung: Auch, wenn das Pferd mit allen vier Beinen im Hänger steht, dürfen Sie es nicht sofort darin einsperren, indem Sie die Klappe schließen. Vielmehr soll – und wird – es ein paar Mal wieder herauskommen; am Anfang meist schnell und hektisch, später ruhiger. Lassen Sie ihm die Möglichkeit, sich ungehindert wieder aus der engen »Höhle« zu entfernen. Dies ist sehr wichtig, denn damit lassen Sie dem Pferd einen Ausweg. Es hat Fluchtmöglichkeiten.
Sie können es auch selbst wieder aus dem Hänger herausholen und erneut hineinschicken. Wichtig ist, dass sich das Pferd nicht eingesperrt fühlt.
Nachdem das Pferd einige Male in den Hänger hinein- und aus ihm herausgewandert ist, bemerkt es, dass der Hänger der einzige Ort ist, an dem es seine Ruhe hat. Es wird freiwillig darin bleiben – auch ohne geschlossene Klappe.
Zusätzlich können Sie gerne etwas Futter im Hänger deponieren oder sogar eine Futterspur hineinlegen (am besten bei weit gestellter Mittelwand). Bisweilen schielen Pferde schon nach dem Futter, wenn man sie quer über die Hängerklappe longiert. Dann lässt man sie am besten erst einmal weiter quer laufen und »erlaubt« dann gnädig, dass sie mal einen Abstecher ins Hängerinnere machen. Beobachten Sie einfach Ihr Pferd und nutzen Sie aus, was es Ihnen anbietet.

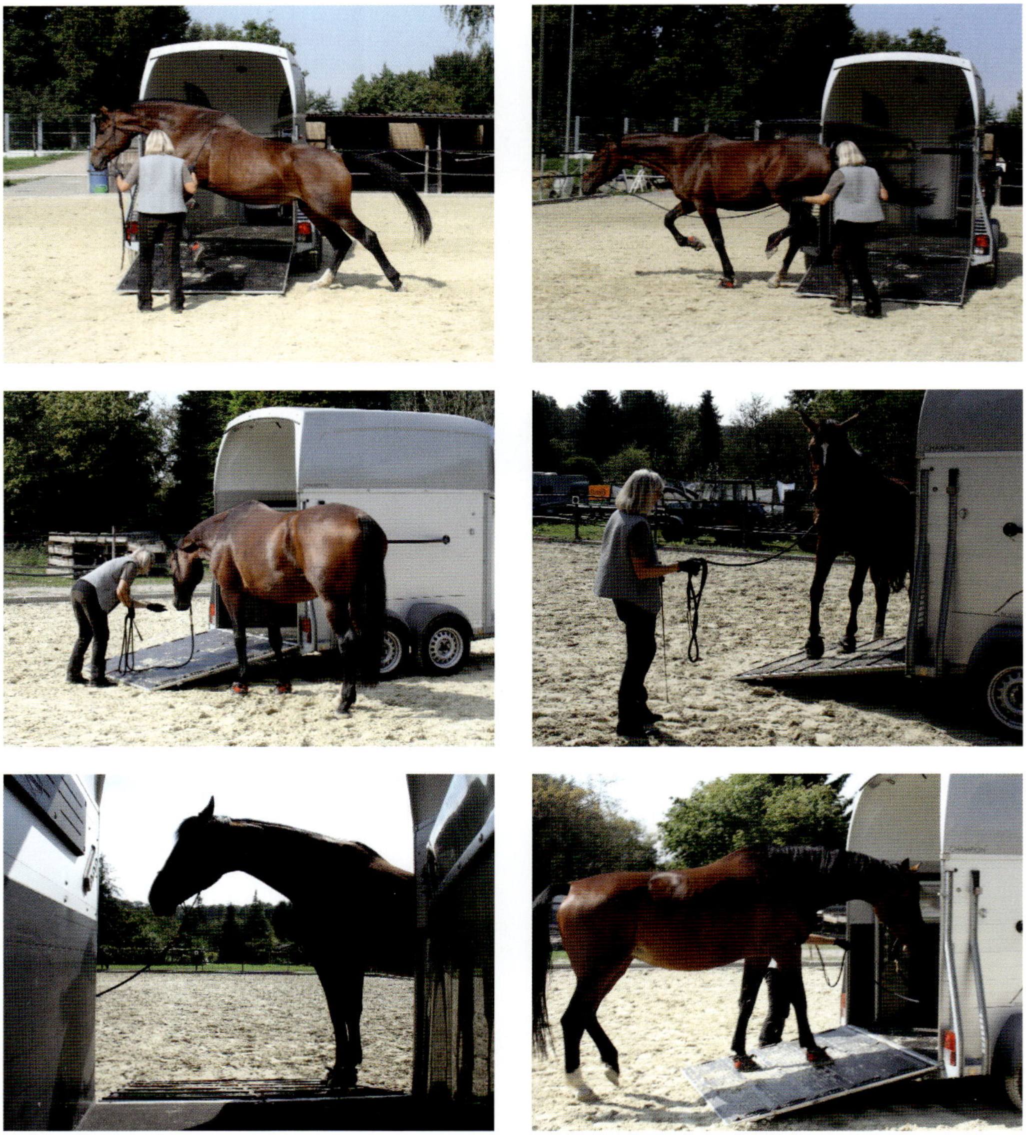

Szenen des Verladetrainings: Anfangs springt das Pferd noch hektisch über die Klappe, wird mit der Zeit ruhiger, schielt schon immer mal ins Innere, weil da eine Futterspur liegt, und lässt sich schließlich in den Hänger hineinlongieren.

Das Pferd jedoch mit dem Futtereimer in den Hänger hineinzulocken, funktioniert in den seltensten Fällen. Ein aufgeregtes, hektisches Pferd oder auch eines, was einfach nicht will, nimmt das Futter nicht an.

Ist es drin, lassen Sie das Pferd einige Zeit in Ruhe im Hänger »nachdenken« und das Geschehen

verarbeiten – unangebunden und mit der Möglichkeit, diesen zu verlassen, wann es will.
Diese »Freiheit« ist wichtig. Sie nimmt ihm jeden Rest von Angst vor dem Hängerinneren. Es ist für das Pferd ein Ort der Erholung, weil man es dort zufrieden lässt, also belohnt.
Zu diesem Zeitpunkt sollten Sie das Pferd nicht fahren, sondern das freiwillige Hineingehen durch einige Übungsstündchen an den folgenden Tagen festigen. Nach diesen Übungen werden Sie nie wieder einen Helfer zum Verladen des Pferdes brauchen – Sie können es immer allein in den Hänger schicken.

Die ganze Prozedur wird nicht immer ohne hektische Ausbrüche des Pferdes abgehen. Wer Angst um die Beine des Pferdes hat, sollte sie mit Gamaschen schützen.
Wer sich diese Methode nicht zutraut, weil er vielleicht Angst hat, das Pferd nicht halten zu können, kann eine Führkette am Halfter statt des reinen Halfters verwenden. Er kann auch den Hänger auf einem kleinen Reitplatz oder einer Mini-Koppel abstellen, so dass das Pferd nicht sonst wohin davonläuft, wenn es sich wirklich losreißt.
Prinzipiell ist es immer »gesünder« für Sie, das Pferd gefahrlos loslassen zu können, bevor Sie selbst verletzt werden.

Sie können allerdings auch auf die altbewährte Methode zurückgreifen, dass Ihnen das Pferd in den Hänger nachlaufen soll. Die Gefahr, dass es Sie überrennt, wenn es in den Hänger »hineinschießt«, besteht nur dann, wenn andere es von hinten bedrängen. Arbeiten Sie jedoch allein, dann brauchen Sie zwar viel Zeit, sind aber vor panischen Reaktionen des Pferdes recht sicher. Folgt das Pferd nicht, so drehen Sie sich frontal um zum Pferd und bauen wie bei der Übung »Zu sich heranholen« (siehe dort) langsamen gummibandartigen Zug auf das Halfter auf, bis das Pferd nachgibt. Zieht es nach hinten, so folgen Sie erst einmal: Sie können es sowieso nicht festhalten. Schicken Sie es schließlich eine größere Strecke forciert rückwärts. Nach dem Motto: Du willst rückwärts? Dann geht es jetzt weiter rückwärts ... Solange ich das will ...

Dann beginnen Sie erneut mit dem Gummiband-Zug. Das tun Sie immer, wenn es anfängt, rückwärts zu ziehen. »Nerven« Sie das Pferd einfach beständig, wenn es sich in die »falsche« Richtung bewegt.

Setzt es einen Fuß auf die Klappe, so lassen Sie es sofort zufrieden und loben es. Lassen Sie es eine Weile stehen und versuchen dann, es einen weiteren Schritt in den Hänger hineinzubekommen. Zieht es wieder zurück, folgen Sie, richten aktiv rückwärts ... Wie ein Jojo bewegen Sie sich nun vor und zurück, vor und zurück, bis das Pferd alle vier Beine im Hänger hat.

Auf die gleiche Weise kann man auch Engstellen, Wasser, Brücken und »unsicheren Grund«, wie z. B. Wippen, trainieren. Dieses »Fixieren der Aufmerksamkeit« des Pferdes auf die »richtige« Richtung funktioniert allerdings nur, wenn auch der Mensch seine Aufmerksamkeit keine Sekunde von der Aufgabe abzieht.

Eine Wippe können Sie anfangs feststellen, so dass sie nicht kippt und sie später erst einmal nur leicht kippen lassen. Hat das Pferd erst einmal gemerkt, dass es ungefährlich ist, wenn sich der Boden bewegt, macht es ihm meist viel Spaß, durch minimales Vor- und Zurücktreten oder sogar nur durch Vor- und Zurückverlagern des Halses hin und her zu wippen.

KAPITEL 11

Klassische Arbeit an der Hand

Versammlung am Boden

Die klassische Handarbeit ergänzt die grundlegende Erziehungsarbeit und begleitet die gymnastizierende Ausbildung des Pferdes (egal, ob bei der Bodenarbeit oder unter dem Sattel). Eine funktionelle Haltung des Pferdes und die Grundlagen der Versammlung sind bei der Handarbeit leichter zu entwickeln als bei der Horsemanship-Arbeit. Die Seitengänge mit Stellung und Biegung in Bewegungsrichtung sind präziser zu steuern, da die Hilfengebung wie beim Reiten über zwei Zügel erfolgt. Das heißt, man hat einen kontrollierenden äußeren Zügel zur Verfügung, mit dem man verschiedene Ausweichmanöver des Pferdes (z.B. das Ausfallen über die äußere Schulter) effektiv verhindern kann.

Horse Walking Handarbeit

Um die folgenden Punkte geht es im Wesentlichen bei der Handarbeit:

- Mobilisierung und Verbesserung der Beweglichkeit,
- Gymnastizierung und Stärkung des Rückens ohne störendes Reitergewicht,
- Schulterkontrolle,
- Verbesserung der Haltung und des Gleichgewichts in der Langsamkeit,
- Grundlagen der Versammlung mit Reduzierung der Schubkraft und Entwicklung der Tragkraft

Die Ausbildung an der Hand mobilisiert und entspannt das Pferd und hilft langfristig dabei, es zu versammeln. Ein gewisser Versammlungsgrad ist nötig, um es als Reitpferd auf lange Sicht gesund zu erhalten. Doch auch Pferde, die aus verschiedenen Gründen nicht geritten werden, profitieren von der gymnastizierenden und kräftigenden Handarbeit.

Unter Versammlung versteht man die Entwicklung von Trag- und Federkraft. Sie entsteht, wenn das Pferd durch und durch beweglich, besonders im Rumpf, arbeiten kann. Die Kräfte, die dabei entwickelt werden sollen, sind eher vertikaler Natur. Die horizontal wirkenden Schubkräfte, die beim freien Pferd den Hauptanteil ausmachen, werden mit der Zeit reduziert. Das Pferd bekommt Kraft in den Hinterbeinen, so dass es im Beugegang arbeiten kann (vergleichbar mit Kniebeugen beim Menschen). Der Rücken kommt hoch und wird tragfähiger.

Die positiven Auswirkungen der Versammlung können sowohl für junge Pferde als auch für solche in der Rekonvaleszenz genutzt werden. Natürlich fehlt den vorgenannten die Kraft, um lange in Versammlung zu arbeiten, aber ein paar Mobilisierungsübungen, einige Tritte im Schulterherein mit Lastaufnahme des inneren Hinterbeins oder angedeutete Piaffe-Tritte sind durchaus möglich – vor allem, weil kein Zusatzgewicht auf dem Pferd mit ausbalanciert werden muss.

Später können durchaus auch Schulterherein im Trab und Traversbewegungen/Hinterhandwendungen hinzukommen.

Neue Übungen, die man unter dem Reiter etablieren möchte, können an der Hand gut vorbereitet werden, so dass das Pferd schon »eine Idee vom Bewegungsablauf« hat, wenn es schließlich den Reiter mitbewegen muss. Das gilt zwar auch für alle koordinatorischen (Trail-)Übungen, diesen fehlt jedoch das Element der Gymnastizierung.

Ausbalancierte Grundgangarten unter dem Reiter mit freier Schulter und in einer federnden Hankenbeugung sollten für jeden verantwortungsvollen Reiter das Ziel sein und sind mit der Handarbeit gut vorzubereiten. Ein solches »vertikal ausbalanciertes« Pferd ist deutlich bequemer zu sitzen und leichter und harmonischer zu kontrollieren als eines, das mit viel Schub zu sehr vorwärts geht und sich, oft mit festem Rücken, auf den Schultern abstützt.

Versammlung bedeutet die Konzentration aller Kräfte im Pferd – der körperlichen ebenso wie der geistigen. Harmonie und Ausgeglichenheit sind Bedingungen, ohne die man nicht von Versammlung sprechen kann. Gelingt es, das Pferd an der Hand so zu kontrollieren, dass es in Selbsthaltung auf der Hinterhand arbeitet und mühelos zwischen seitwärts, vorwärts und rückwärts wechseln kann, so stellt sich auch am Boden das Gefühl von tänzerischer Leichtigkeit ein. Und man muss vieles später nur »nachreiten«, denn das Pferd weiß schon, was von ihm erwartet wird und muss nur noch lernen, den Reiter mit auszubalancieren und vermehrte Kraft entwickeln, um das auch zu können.

Folgende Hilfsmittel stehen dem Menschen in der Arbeit an der Hand in seiner »führenden Rolle« zur Verfügung:

- die Körpersprache: Gesten, Haltung, Bewegungsrichtung, Position im Raum und im Verhältnis zum Pferd
- die Stimme und verbale Signale (die das Pferd mit der Zeit verstehen lernt)
- Kappzaum oder Trensenzaum; auch gebisslose Zäume wie Sidepull oder Glücksrad sind für manche Pferde eine Alternative
- eine lange, flexible Gerte (alternativ kann man auch einen Multifunktions-Stick mit verschiedenen Spitzen oder eine kurze Fahrpeitsche nutzen)
- mentale (Vorstellungs-)Kraft und innere Bilder von einem klaren Ziel, einer Idee, wie das praktisch aussehen soll.

Zudem sollte ein abgegrenzter »Arbeitsraum« (Halle oder Reitplatz) mit griffigem Boden zur Verfügung stehen. Ein gerades Stück Zaun oder Mauer ist sehr hilfreich, um eine äußere Begrenzung zu haben, wenn das Pferd wegdrängeln will. Ecken sind eine wunderbare Möglichkeit, das Pferd zu biegen, deswegen sind rechteckige Arbeitsräume für die Handarbeit besser geeignet als ein Longierzirkel bzw. Roundpen

Gehen wir jetzt einmal davon aus, dass wir die Handarbeit als Vorbereitung für ein harmonischeres Reiten nutzen. In den folgenden Ausführungen werden deswegen immer wieder die Vorteile für die Arbeit unter dem Reiter dargestellt.

Vier zentrale Aspekte sind für die funktionelle Ausbildung des (Reit-)Pferdes wichtig und können sehr gut an der Hand vorbereitet und erarbeitet werden.

1. Lösen von Verspannungen, speziell im Maul-, Kopf- und Halsbereich
2. Mobilisation des ganzen Pferdekörpers, inklusive Entspannung
3. Bearbeiten der »Natürlichen Schiefe«, das Geraderichten (Gleichgewichtsverbesserung seitlich rechts/links)
4. Entwicklung der Versammlung und der Federkraft (Gleichgewichtsverbesserung vorne/hinten)

1. Lösen von Verspannungen im Maul-, Kopf- und Halsbereich durch Flexionen

Eine sehr effektive Methode zur Entspannung des gesamten Pferdes ist das Entspannen des Mauls. Dem Pferd wird mittels Gebisseinwirkung an der Hand gezeigt, dass es das Maul »hergeben« und das Genick entspannen soll.

Mobilisation des Pferdes: Schulterherein im Trab mit guter Selbsthaltung des Pferdes. Hier handelt es sich um ein Korrekturpferd, welches unter massiven Rückenproblemen litt und unter dem Sattel der Einwirkung des Reiters davonlief. Nach einem Dreivierteljahr konsequenter Arbeit an der Hand funktionierte auch das Reiten wieder. Das Bild unten zeigt die Stute zu Beginn der Arbeit, noch ohne Muskulatur.

Flexionen sind alle vom Menschen angeleiteten Maul-, Hals- und Kopfbewegungen, samt der Entspannung dieser Region. Die Flexionen werden zuerst getrennt erarbeitet, um später in andere Übungen integriert werden zu können.

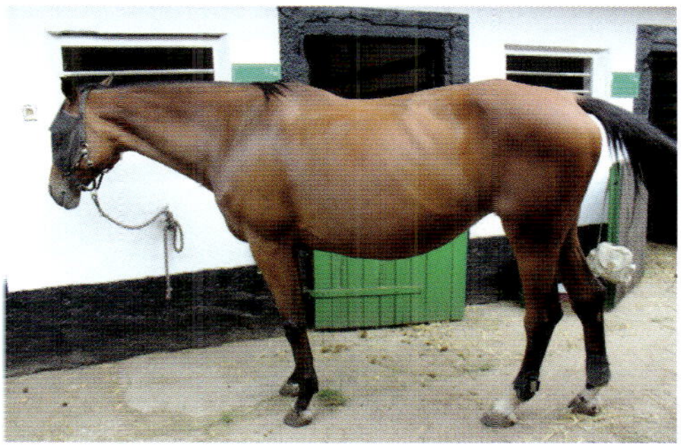

2. Mobilisation des ganzen Pferdekörpers

Gezielte Übungen in Wendungen, Seitengängen, Biegungen und Übergängen verbessern die Beweglichkeit des Pferdes.

Die Schulterkontrolle spielt dabei eine wichtige Rolle, weil die seitliche Balance leicht verloren geht, wenn das Pferd z.B. über die (äußere) Schulter ausweicht oder auf die Schulter fällt. Schulterkontrolle wird zu Anfang mit einem relativ gerade gehaltenen Pferd erarbeitet, bevor die eigentliche Biegearbeit begonnen werden kann. Wendungen werden bisweilen in Außenstellung ausgeführt und Seitengänge zu Beginn mit viel Abstellung und wenig Biegung erarbeitet (viel seitwärts – wenig vorwärts eher in Form eines Schenkelweichens). Das Pferd beginnt mit stabiler Halsbasis (welche es ermöglicht, die Schultern zu kontrollieren!) die Schultern und Hüften stark zu bewegen, was auch zur Bewegung im Rücken führt. Dabei wird das Pferd mit einer »natürlichen« Halshöhe und mit offenem Genick geführt.

Der Hals wird seitlich stabilisiert und ansonsten in ungezwungener Haltung belassen. Das Pferd befindet sich in einer Haltung, die es von Natur aus einnimmt, wenn es aufmerksam und reakti-

Schulterkontrolle beim Schulterherein im Trab: Das Pferd im Hals nicht zu stark stellen, damit es nicht über die Schulter ausweicht. Der Araber ist auf Sidepull gezäumt und nimmt von allein eine zweckmäßige Haltung ein.

onsbereit ist (»Aktivitätshaltung«). Zudem darf es eine leichte Außenstellung einnehmen, die es auch in der Natur in Wendungen zeigt. Damit balanciert sich das Pferd selbst aus. Stellung und Biegung nach innen wird erst später eingeführt, wenn das Pferd seine natürliche Balance unter dem zusätzlichen Reitergewicht wieder gefunden und eine Grundausbildung bekommen hat. Das zu starke Stellen des Halses in Wendungen und in den Seitengängen ist nicht zweckdienlich und bringt das Pferd dazu, über die äußere Schulter zu drängen.

Schulterkontrolle und Stabilisierung des Halses werden an der Hand kultiviert, um beides später unter dem Sattel leicht abrufbar zu machen. Anschließend wird an der seitlichen Biegefähigkeit in Form der verschiedenen Seitengänge, Schulterherein und Konterschulterherein sowie Travers, Traversalen und Renvers, gearbeitet.

Die Mobilisierungen führen zu einer Beweglichkeit in alle Richtungen: Seitwärtsbewegungen können auf allen erdenklichen geraden und gebogenen Linien ausgeführt werden.

Meist entwickelt sich ganz von alleine auf diesem Weg die Fähigkeit der »Beizäumung«, die eine reelle Versammlung positiv unterstützt: Das Pferd lernt, Schultern, Halsbasis und Widerrist anzuheben. Rücken und Becken arbeiten. All dies rundet die Oberlinie und entwickelt den Trapezmuskel. Beizäumung und Aufrichtung entstehen fast von selbst – wenn man dem Pferd Zeit genug gibt. An der Entwicklung der Muskulatur kann schließlich abgelesen werden, wie effektiv die Arbeit war.

3. Bearbeitung der »natürlichen Schiefe«, Geraderichten (Gleichgewichtsverbesserung links/rechts)

Die natürliche Schiefe muss in allen Übungen berücksichtigt werden, indem diese kompensatorisch an die hohle oder steife Seite angepasst werden. Der Korrektur der Schiefe wird hier viel Platz eingeräumt, denn Geraderichten und Entwicklung der Balance unter dem Reitergewicht sind die wichtigsten Funktionen der Ausbildung zum Reitpferd. Nur das geradegerichtete und ausbalancierte Pferd kann den Reiter tragen, ohne langfristige Schaden an Gelenken, Muskulatur und Sehnen zu erleiden. Und hier leistet die Handarbeit unschätzbare Dienste (siehe Zeichnungen Seite 151).

4. Entwicklung der Versammlung und der Federkraft (Gleichgewichtsverbesserung vorne/hinten)

Die Vorn-/Hinten-Balance wird durch viele Übergänge, besonders die Übergänge zwischen Rückwärts und Vorwärts, verbessert.

Horse Walking

Geraderichten des Pferdes

Kompensation der natürlichen Schiefe in den Seitwärtsbewegungen an der Hand

Das links hohle Pferd wird geradeaus und rückwärts in ein leichtes Travers rechts auf der rechten Hand bzw. in ein leichtes Renvers auf der linken Hand gebracht (sowohl vorwärts wie rückwärts).

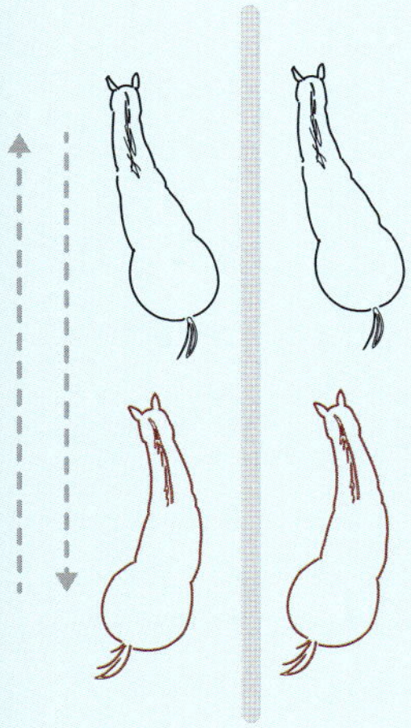

Das links hohle Pferd kann in Rechtsvolten rückwärts gerichtet werden, um das ausweichende rechte Hinterbein zum Lastaufnehmen zu animieren.

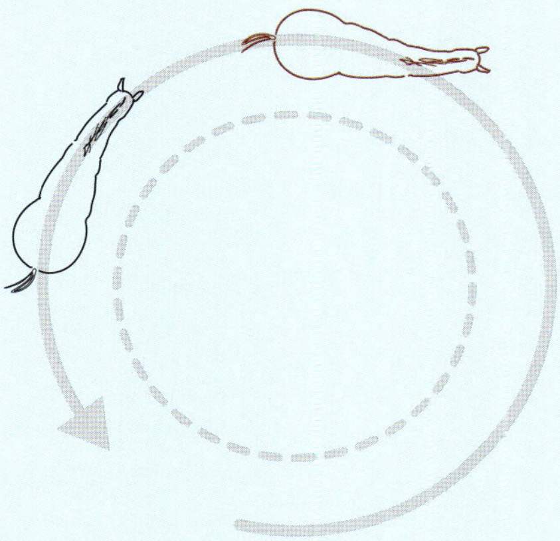

Das links hohle Pferd wird im Schulterherein rechts mit viel Biegung und wenig Abstellung gearbeitet. (Die graue Linie stellt die Bande dar.)

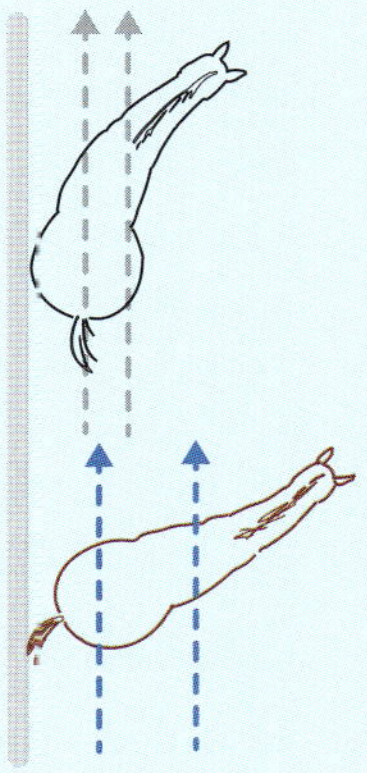

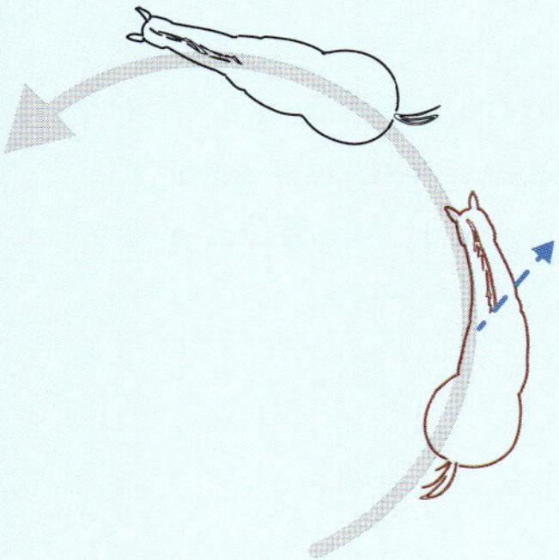

Das links hohle Pferd wird in einer kleinen, engen Linksvolte gerade gehalten oder leicht nach außen gestellt.

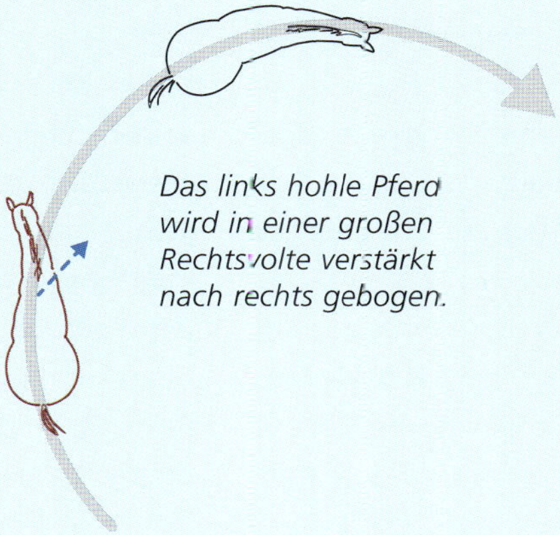

Das links hohle Pferd wird in einer großen Rechtsvolte verstärkt nach rechts gebogen.

Die rot gezeichneten Pferde zeigen jeweils die natürliche Neigung des links hohlen Pferdes an, sich zu bewegen. Die blauen Pfeile zeigen die »Ausweichtendenz«.
Die schwarzen Pferde zeigen die Korrekturstellung.

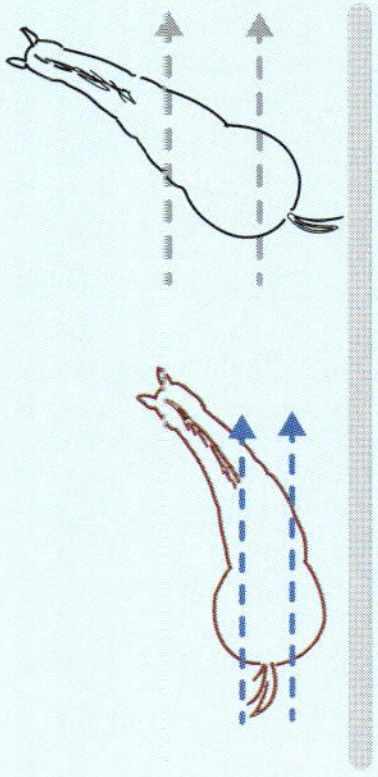

Das links hohle Pferd wird im Schulterherein links mit wenig Biegung und viel Abstellung gearbeitet.

Die Bewegungen werden in allen Gangarten vermehrt nach oben entwickelt, sodass sich der Raumgewinn zugunsten der Kadenz verringert. Der Bewegungsablauf wird erhabener, runder und langsamer, ohne an Energie zu verlieren. Die Elastizität und die Federkraft verbessern sich und es entsteht eine Stoß dämpfende Wirkung auf die Gelenke. Das langsame Balancieren fällt dem Pferd deutlich schwerer als schnelle Bewegungen (wie uns Menschen ja auch – versuchen Sie nur einmal, langsam auf einem schmalen Balken zu balancieren ...). Die Tendenz des Pferdes zur »Flucht nach vorn« wird durch Versammlung reduziert. Das macht die Tempokontrolle und vor allem das prompte Befolgen einer Hilfe zum Anhalten aus jeder Gangart unter dem Reiter deutlich einfacher.

Position, Haltung und Zügelführung

Prinzipiell unterscheiden sich die Haltungskriterien für den Menschen bei der Arbeit an der Hand nicht von denen, die auch im Sattel gelten. Bleiben Sie aufrecht mit getragenem Kopf, stellen Sie sich die gemeinsame Bewegung von Mensch und Pferd im Raum bildhaft vor, damit Sie die Orientierung behalten.

Kontrollieren Sie Abstellung und Schulter des Pferdes am äußeren Zügel.

Versuchen Sie immer, Ihren Oberarm entspannt zu lassen, damit die getragene Hand frei beweglich bleibt. Und damit Ihr Arm nicht ermüdet.

Eine Hand befindet sich dicht am Trensenring, bzw. Maul des Pferdes (im Schenkelweichen und Schulterherein ist es die innere Hand, in Traversbewegungen und Hinterhandwendungen die äußere). Die andere liegt an der Schulter des Pferdes (bei großen Pferden tiefer als bei kleinen, damit der Oberarm entspannt bleiben kann). Im

Bei Minipferden kann es sinnvoll sein, mit einem Longiergurt zu arbeiten, um den äußeren Zügel in Position zu halten.

Schulterherein ist es die äußere und im Travers die innere, die den stellenden Zügel hält. Die Hand an der Schulter des Pferdes hält auch die Gerte.

Arbeitet man im Trab, kann man die innere Hand parallel zur äußeren halten, wie beim Reiten, um sich neben dem Pferd freier bewegen zu können.

Die Touchiergerte ist ein unverzichtbares Hilfsmittel bei der Handarbeit. Sie sollte wie beim Reiten locker aus dem Handgelenk eingesetzt werden. Touchierpunkte sind: Kruppe, Röhrbeine an verschiedenen Stellen, Unterschenkel zwischen Knie und Sprunggelenk – je nachdem, was man bewirken möchte. Bisweilen wird es dafür nötig sein, auch einmal die Zügel einhändig zu führen.

Stellende und verhaltende Impulse am Zügel werden immer kurz gegeben. Ziehen und Festhalten funktioniert bei der Handarbeit noch weniger als beim Reiten.

Präzises Einhalten der gedachten Linie und freie Haltung des Pferdes sind gefragt.

Bei großen Pferden ist es allerdings oft schwer, die Richtung beizubehalten, weil man nicht an

Ist die Haltung stabilisiert, geht es auch ohne den Gurt. Die tiefe Handhaltung ist jedoch erst einmal gewöhnungsbedürftig.

ihnen vorbeischauen kann. Bei Mini-Pferden wie Shettys, die nur an der Hand ausgebildet werden können, ist der Überblick einfacher, es ergeben sich jedoch andere Schwierigkeiten, die manchmal notwendige Abweichungen in Position und Zügelhaltung erfordern (siehe Fotos oben).

Gedanken zur funktionellen Haltung des Pferdes

Vorwärts mit Energie und Energiekontrolle

Um Tempo und Bewegungs-Richtung zu kontrollieren und das Pferd schließlich versammeln zu können, brauchen wir dessen Bereitschaft, vorwärts zu gehen. Nur mit genug Energie kann eine »Arbeitshaltung« erzeugt werden, und das Pferd ist in diesem Zustand aufmerksam und reaktionsbereit. Ohne Energie können wir das Pferd nicht »in Haltung« bringen, denn das energielose, träge, auf der Vorhand schlurfende Pferd gibt uns keine Möglichkeit dazu. Es bremst uns in gewisser Weise aus.

Das Vorwärts ist auch die Grundlage des Gehorsams: Reagiert ein Pferd spontan auf die vortreibenden Hilfen, kann es sich nicht durch Unarten wie Buckeln, Steigen oder seitlich Ausbrechen entziehen. All diese Unarten werden harmlos, wenn man sie in »Vorwärts« umwandeln kann. Flucht nach vorn, also ein Davonlaufen vor den Anforderungen, wäre zwar immer noch möglich, aber den Gehorsam auf bremsende Einwirkung haben wir schließlich bereits bei der Basisarbeit gefestigt. Schon bei den einfachen Führübungen haben wir eine Art »Anhalte-Reflex« auf Stimme und Körpersprache entwikkelt, der uns jetzt auch bei der Handarbeit hilft.

Reagiert das Pferd auf einen treibenden bzw. bremsenden Impuls sofort, akzeptiert es die Führung durch den Menschen. Zähe Reaktionen zeigen immer, dass die Beziehung nicht vollständig geklärt ist.

In der Ausbildung geht es auch immer darum, »Impulsion« zu erzeugen

Impulsion bedeutet die willige und spontane Bereitschaft des Pferdes, auf feine Hilfen deutlich zu reagieren und Energie zur Verfügung zu stellen. Damit wird es möglich, die »Komfortzone« in der Bewegung zu verlassen. Dies ist zwingend notwendig, wenn es zu einem Fortschritt kommen soll.

Fehler sofort beheben

Ein wichtiger Trainingsgrundsatz ist, an jeden auftauchenden Fehler sofort heranzugehen. Nimmt man Verschlechterungen von bereits Erarbeitetem in Kauf, und beendet eine Übungssequenz womöglich mit einer solchen Verschlechterung, erzeugt man Rückschritte. Jeder Abschluss einer Übung wird vom Pferd »gespeichert«. Machen Sie nach jedem (wieder) gelungenen Arbeitsschritt eine Pause, um das Zwischenergebnis zu sichern. Nur so bekommen Sie ein stabiles Ausbildungsfundament.

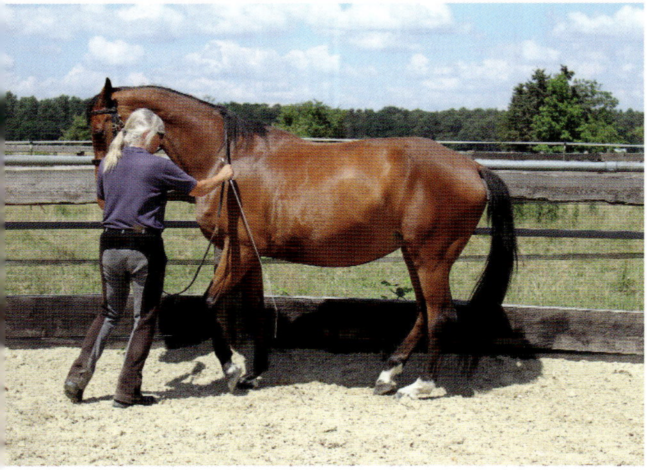

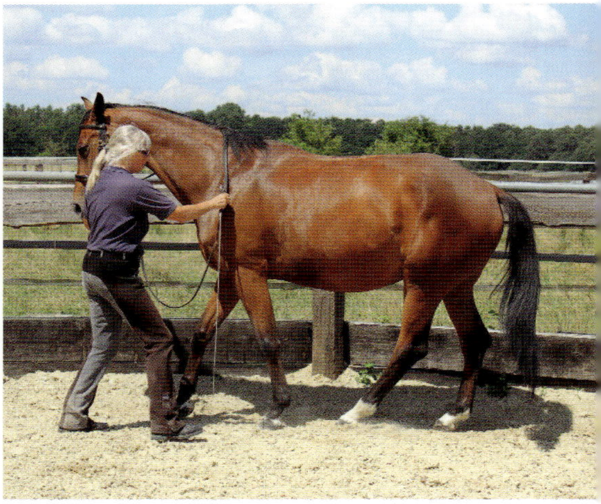

Anhalten, rückwärts und wieder antreten: Die drei Bilder Seite 154 und Seite 155 links zeigen, wie das Pferd im Becken abkippt und Rücken und Schulter anhebt.

Fortschritte schwächen im ersten Moment meist dieses Fundament, weil sie noch nicht stabil sind, und müssen mit der Zeit sicher abrufbar gemacht werden.

Alle Teile des Systems müssen logisch und unmissverständlich aufeinander aufbauen, wenn das Gelernte nachhaltig stabil werden soll. Das gelingt nur mit einer konsequenten, klaren Idee von der Ausbildung und ihrem Sinn sowie einem Verständnis dafür, wie der Pferdekörper funktioniert, und was das Pferd in seinem jeweiligen Ausbildungsstand leisten kann. Bei Verwirrung oder Kontrollverlust sollte man wieder auf eine vorige, stabile Stufe zurückkehren.
Wie immer, wenn man als Lehrer arbeitet, geht es im Wesentlichen um die Frage: »Wie sag' ich's meinem Schüler?« Wie also macht sich dem Pferd möglichst leicht verständlich?

Position vor Aktion – gute Vorbereitung ist die halbe Lektion

»Position vor Aktion«. Damit ist gemeint, dass man das Pferd durch Anweisen einer geeigneten Haltung in eine für die nachfolgende Übung geeignete Balance bringt, bevor man die Übung beginnt. Das Pferd wird auf geforderte Aktionen durch Positionsänderungen und verbessertes Gleichgewicht vorbereitet.
Ein Beispiel: Bevor das Pferd angehalten werden kann, sollte sein Gleichgewicht verbessert werden, indem man seinen Hals etwas anhebt. Dadurch entlastet es die Vorhand, was zu einer besseren Qualität des Anhaltens führt.
Ein weiteres Beispiel: Wenn ein Pferd – weil es links hohl ist – auf die rechte Schulter und dadurch in eine Rechtswendung hineinfällt, macht es Sinn, vor der Rechtswendung das Pferd etwas stärker nach rechts zu stellen und die rechte Schulter oben und leicht außen zu halten, damit diese Position das Hereinfallen verhindert. Das Pferd hat dann in der Rechtsstellung mit freier rechter Schulter eine bessere Ausgangsposition und ein besseres Gleichgewicht für die geforderte Rechtswendung (siehe auch Zeichnungen Seite 151).
In der Linkswendung mit dem links hohlen Pferd würde es bedeuten, das Pferd sehr gerade zu halten, damit es nicht über die rechte Schulter nach

Über Rückwärts-Vorwärts-Übergänge kann man auch die ersten Piaffe-Tritte entwickeln.

außen ausbricht und aus der Balance kommt. Die rechte Schulter muss durch den äußeren Zügel kontrolliert werden.

Eine grundsätzliche Richtlinie für solche Ausweichmanöver des Pferdes über die Schulter ist, dass man das Pferd in die Richtung stellt, in die seine Schulter ausweichen will und versucht, die ausweichende (zu stark belastete) Schulter oben zu behalten.

»Entspannung vor Kraft«

Entspannung vor Kraft bedeutet, dass man niemals in eine Verspannung hinein eine kraftvolle Aktion startet. Flexionen und Mobilisierungen sind dabei der Schlüssel zum Erfolg. Das Pferd soll erst Kraft aufwenden, wenn es mit losgelassenen Gelenken und in freier Balance zu einer gewünschten Bewegung oder Haltung in der Lage ist. Nur dann kann Leichtigkeit entstehen und Überlastung des Pferdekörpers verhindert werden.

Dieses wichtige Prinzip wird leider in der modernen Reiterei oft missachtet.

So mancher versucht, sein Pferd durch langes Abtraben oder Abgaloppieren zu entspannen. Setzt man auf dieses Konzept »Entspannung durch Ermüdung«, so erzieht man sich ein Pferd, was immer mehr Kondition im falschen Bewegungsablauf entwickelt. Der Fortschritt bleibt aus und die Belastung durch ewiges Traben oder Galoppieren in einem verspannten Zustand hat negative Auswirkungen auf den Bewegungsapparat. Am nächsten Tag beginnt man wieder von vorne, weil das Pferd sich nicht durch die eigentliche funktionelle Arbeit entspannt. Außerdem kann ein ermüdetes Pferd nicht mehr besonders gut »wirklich« arbeiten, sich weniger gut konzentrieren und schlechter lernen. Das können wir an uns selbst gut ausprobieren: Wenn wir uns verausgabt haben, ist wenig Konzentration für das Lernen eines neuen Bewegungsablaufs vorhanden.

Funktionelle Arbeit sollte unbedingt zuerst ausführlich im Schritt erarbeitet werden, bis die Losgelassenheit soweit fortgeschritten ist, dass man sie mit in höhere Gangarten nehmen kann. Ist das Pferd sehr übermütig und hat keine Geduld, um langsam im Schritt zu arbeiten, ist es hilfreich, wenn man ihm vor der Arbeit freilaufend oder an der Longe etwas ungezwungene Bewegung ermöglicht.

Kurze Reprisen

Kurze Reprisen – die Arbeit in kurzen Abschnitten mit kleinen Zwischenzielen und darauf folgenden Pausen – sind ein gutes Arbeitsprinzip. Pferde können leichter verstehen und lernen, wenn sie bereits nach einem kurzen Ansatz eines richtigen Ablaufs pausieren dürfen und danach neu angesetzt wird. Zu lange oder zu komplexe Einheiten bringen deutlich geringere Lern- und Trainingsfortschritte.

Nicht nur Pferde, sondern auch Menschen sind mit diesem Prinzip gut beraten, denn die Arbeit in kurzen Zeiträumen mit hoher Konzentration fördert zumindest beim Menschen die »Bewusstheit« für Bewegungsabläufe. In der nachfolgenden Pause kann sich das Gelernte setzen und Pferd und Mensch können sich erholen. Die Länge der Reprisen wird an den Ausbildungsstand und die Zwischenergebnisse angepasst.

Der Aufbau der Muskulatur erfolgt immer am besten durch wechselnde An- und Entspannung. Ein durchdachtes »Intervalltraining« ist die beste Vorbeugung gegen Verspannungen und Überforderung geistiger wie körperlicher Art. In jeder Sportart, die von Menschen ausgeübt wird, ist dieses Prinzip schon lange Standard. Warum es im Pferdesport bislang so wenig Beachtung fand, ist eigentlich nicht verständlich, arbeitet doch die Muskulatur des Pferdes genauso wie die des Menschen, und der Mensch könnte sich mit etwas Phantasie und Einfühlungsvermögen gut vorstellen, wie ein Pferd sich fühlt, wenn es mit verspannter Muskulatur arbeiten muss. In Kursen zur Körperwahrnehmung versuche ich, Reitern ihren eigenen Körper bewusster zu machen und damit auch ein Gefühl für Probleme des Pferdes zu bekommen (siehe auch Kapitel 7). Das Pferd und seine momentane Verfassung sollte stets im Vordergrund des Trainings stehen und nicht eine Lektion, die man sich in den Kopf gesetzt hat oder die in einer demnächst genannten Dressurprüfung klappen muss. Dressur-Lektionen dürfen nicht Selbstzweck sein, um in einer Dressurprüfung zu glänzen. Sie sollen dem Pferd vielmehr zu einer verbesserten Balance unter dem Reiter verhelfen. Wenn das erreicht ist, kann das ausbalancierte Pferd in der Dressur vorgestellt werden.

Der Zusammenhang zwischen Körperhaltung, Losgelassenheit und Gesundheit

Losgelassenheit bezeichnet das Spiel in der Bewegungsmuskulatur, bei dem die Antagonisten wirklich im Wechselspiel arbeiten und nicht gleichzeitig gegeneinander anspannen.

Ein Beispiel: Wenn der Beuger des Sprunggelenks sich verkürzt, um das Gelenk zu beugen, sollte der Strecker komplett gedehnt werden können, damit der Beuger nicht gegen den Strecker »ankämpfen« muss. Das Gleiche gilt umgekehrt: Wenn der Strecker verkürzt wird, muss der Beuger in der Dehnung loslassen.

In Bewegungen mit falscher Spannung (= Verspannung) arbeiten die Antagonisten oft dauerhaft gegeneinander; die losgelassene, gedehnte Phase fehlt und daraus entstehen langfristig ernsthafte Probleme für den gesamten Organismus. Die Beweglichkeit wird eingeschränkt, Bewegungen werden unökonomisch und unrund, und die Gelenke (in diesem Beispiel das Sprunggelenk) werden unnötig belastet.

Der Druck auf die Gelenke ist viel höher, wenn die Antagonisten ständig gegeneinander arbeiten.

Gleichzeitig ist der Zug auf den Sehnen, mit denen die Muskeln an den Knochen befestigt sind, viel größer. Auch die Bänder, welche die Gelenke zusammenhalten, werden strapaziert. Zudem vermindert dauerverspannte Muskulatur die Durchblutung der Gelenke. Die Gelenke werden immer nur indirekt durch Diffusion durchblutet, weil es hier keine größeren Blutgefäße gibt. Damit die Durchblutung nicht eingeschränkt ist, sollte die Umgebung der Gelenke möglichst wenig Blockaden und Verspannungen aufweisen. Nur bei einem gut durchbluteten Gelenk sind eine gute Nährstoffversorgung und der einwandfreie Abtransport von Stoffwechselendprodukten gewährleistet. So können kleinste Verletzungen – die man oft überhaupt nicht bemerkt – einfach und schnell vom Körper repariert werden. Bei Dauerverspannungen und Dauerblockaden ist die Versorgung oft so stark eingeschränkt, dass sich kleine Verletzungen manifestieren und zu chronische Entzündungen werden können. Daraus können langfristig Probleme wie Arthrosen entstehen, die man mit gutem Training hätte vermeiden können.

Funktionelle Arbeit, weniger Verletzungen, besseres Selbstbewusstsein

Wenn man die Durchblutungsstörungen durch funktionelle Arbeit verhindert und damit die Belastung für die Gelenke reduziert, ist die Gefahr von Verletzungen viel geringer. Wie oft hat man schon gehört: »Der hat sich auf der Koppel die Sehne gezerrt. Das hat nichts mit dem Reiten zu tun!« Wirklich gut gearbeitete Pferden ziehen sich jedoch selten Verletzungen auf der Koppel zu, weil sie gelernt haben, sich zu koordinieren und ihre Muskulatur funktionell zu benutzen. Das ist kein Zufall und lässt sich durch das zuvor Beschriebene erklären. Oft kann man auch beobachten, dass Pferde mit körperlichen Einschränkungen und Blockaden, die in der Herde auf der Koppel in der Rangfolge ganz unten standen, nach einer funktionellen Ausbildung, die ihre Beweglichkeit und damit ihr Selbstbewusstsein verbesserten, in der Rangfolge aufgestiegen sind.

Bewegungsmuskulatur und Haltemuskulatur

Neben der Bewegungsmuskulatur, die mit wechselnder Anspannung der Antagonisten arbeiten muss, gibt es noch die Haltemuskulatur, die für die Körperhaltung zuständig ist. Diese arbeitet tatsächlich ohne wechselseitige Verkürzung oder Verlängerung des Muskels in isometrischer »Haltespannung«. Dabei ist keine Bewegung erforderlich. Nennen wir diese Haltespannung einfach die »funktionell richtige Haltung«. Sie hält das ganze Pferd aufrecht. Gäbe es die Arbeit der Haltemuskulatur nicht, würde das Pferd flach am Boden liegen und Bewegung wäre gar nicht möglich. Die angestrebte Losgelassenheit (= Rhythmische Anspannung und Entspannung) bezieht sich immer nur auf die Gelenke, die mit der Bewegungsmuskulatur gebeugt und gestreckt werden.

Zur funktionell richtigen Haltung gehört auch die Fähigkeit, sich der Bewegung anzupassen. Das bedeutet, dass Haltung nicht starr und statisch sein kann. Mit »Position vor Aktion« werden die Haltemuskeln angesprochen und Balance hergestellt, bevor die Bewegungsmuskeln aktiviert werden. Diese Reihenfolge ist sehr effektiv und kräfteschonend. Sie wird auch im funktionellen Training beim Menschen mit Erfolg angewendet.

Stabilität und Beweglichkeit

Isometrische Spannung schränkt Bewegung ein, darf also nicht vorhanden sein, wenn Bewegung

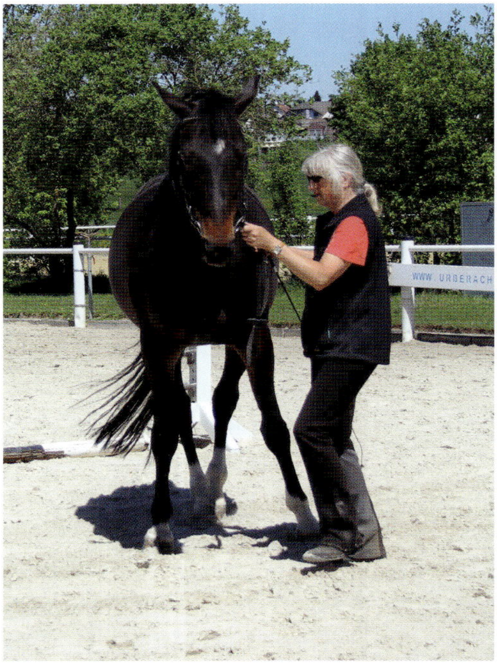

An den Hilfen in freier Balance: Das Pferd in sich gerade halten, so dass es sich nicht durch Weglaufen über die äußere Schulter entziehen kann und ihm nicht erlauben, sich auf dem Zügel abzustützen.

gefordert ist. Nötig und richtig ist sie jedoch, wenn es um die Stabilisierung des Rumpfes, wie bei der aufrechten Haltung des Menschen, geht. Die Stabilität des aufgerichteten Oberkörpers darf die Beweglichkeit im Becken und in den Extremitäten nicht beeinträchtigen.

Genauso ist es beim Pferd: Die Stabilität der Haltung darf nicht auf Kosten der Beweglichkeit gehen. Beides ist notwendig, wird jedoch in unterschiedlichen Teilen des Körpers gebraucht.

Tragkraft und Federkraft durch Elastizität entstehen durch das Training der elastischen Fähigkeiten von Binde- und Stützgewebe. Kinetische Energie wird durch Muskel- und Schwerkraft im Bindegewebe aufgenommen und wieder freigesetzt. Dies geschieht bei der Versammlung vorwiegend in vertikaler Richtung. Die dafür notwendige »freie Balance« des Pferdes muss sich ohne »haltende« Hilfen entwickeln. Das heißt, das Pferd darf keine Gelegenheit bekommen, sich im Zügel abzustützen. Selbst 100 Gramm auf dem Zügel sind bisweilen noch zu viel.

Freie Balance schont Kräfte, verbessert das Körpergefühl, sorgt für »Ökonomie« in der Bewegung und verhindert Verschleiß. Die entstehende Bewegungsvielfalt führt zu verbesserter Koordination, die auch das Verletzungsrisiko minimiert, wie oben schon erwähnt.

Eine hohe Mobilität des Bindegewebes und der Wirbelsäule gewährleistet einen optimalen Stoffwechsel sowie eine reibungslose Funktion des Nervensystems und trägt somit zur Gesunderhaltung des gesamten Organismus wesentlich bei.

Im Unterschied dazu wird bei der gängigen Ausbildung von Sport-Pferden ein erhöhter Muskeltonus erzeugt, weil das Pferd dabei mit horizontal-schiebenden Kräften (Schubkraft) gegen eine durchhaltende Hand arbeitet. Die Bewegungsmuskulatur bekommt dadurch falsche isometrische (= dauergespannte) Anteile. Das Pferd wird zwischen treibenden und verhaltenden Hilfen »eingespannt«. Durch die erhöhte Muskelspannung wird die Bewegungsvielfalt eingeschränkt. Das Pferd befindet sich in seiner Gesamtheit nicht in freier Balance, sondern wird künstlich gespannt und zusammengehalten.

Ohne Hilfszügel!

Die Haltung des Pferdes inklusive der Beizäumung darf niemals erzwungen werden. Auch und gerade nicht, wenn es um vermehrte Versammlung geht. Wie schon in der freien Arbeit

Horse Walking Handarbeit: Aufgaben

Fassen wir zusammen: Eine der zentralen Aufgaben einer funktionellen Arbeit an der Hand und unter dem Sattel ist es, die Losgelassenheit in der Bewegungsmuskulatur zu erreichen sowie die Körperhaltung und die damit verbundene Balance zu verbessern. Das Pferd muss mit systematischem Training lernen, eine zweckmäßige Haltung selbstständig einzunehmen und nicht durch Zwang.

dargestellt, lernen weder Pferd noch Mensch etwas Vernünftiges, wenn Haltung mit Hilfsmitteln erzeugt werden soll.

Wer sich in der Ausbildung auf Hilfszügel verlässt, richtet damit meist Schaden an. Hilfszügel bringen das Pferd immer in eine Zwangshaltung. Das Pferd wehrt sich gegen diese Haltung, weil es sie noch nicht einnehmen kann, bekommt Schmerzen, verspannt sich erneut und trainiert dabei unter Umständen die falschen Muskeln, die als Widerstand gegen die Zwangshaltung gerichtet werden.

Der Mensch wiederum lernt nicht das Wechselspiel zwischen kurzen annehmenden, kontrollierenden Impulsen und dem wichtigen Nachgeben und »Druck wegnehmen« in allen Übergängen und bei Paraden.

Eine Haltung, die vom Pferd selbstständig eingenommen und erhalten werden kann, ist ein wichtiges Ausbildungs-Ergebnis und kann niemals mit Zwang erreicht werden. Elegante Bewegungen brauchen Freiheit. Beschränkt man jedoch die Bewegungsfreiheit von Kopf und Hals mit einem Hilfszügel, zäumt man das Pferd vom Schweif her auf – d.h. man beginnt mit der Kontrolle an der falschen Stelle. Das Pferd benötigt den Hals, um sich auszubalancieren, solange es noch nicht hundertprozentig im Gleichgewicht ist. Verhindert man diese natürlichen Balancier-Bewegungen, entstehen schwerwiegende Probleme in Pferdekörper und Pferdepsyche. Viel wichtiger ist es, die Schulter und die Aktivität der Hinterhand zu kontrollieren – und auf diese haben Hilfszügel keinen bzw. nur negativen, blockierenden Einfluss. Verzichten Sie deshalb auf »Krücken«, wie sie Hilfszügel darstellen! Viele Probleme lösen sich von allein, wenn man dem Schüler »Pferd« nur genug Zeit lässt, um sich zu entwickeln und ihn sinnvoll anleitet.

»An den Hilfen« –

und was das wirklich bedeutet

Das Pferd soll »an den Hilfen stehen«, damit wir es leicht kontrollieren können. Am Boden und unter dem Sattel.

»An den Hilfen« bedeutet allerdings keinesfalls ein »Fesseln und Knebeln« des Pferdes, so dass es keinen unkontrollierten Tritt mehr machen kann, sondern einfach nur konzentrierte Aufmerksamkeit von beiden Partnern – Mensch und Pferd – auf die jeweiligen Äußerungen des anderen. Der Mensch gibt einen sanften Impuls in einem Moment, wo dieser sinnvoll empfangen werden kann und »wartet« darauf, dass das Pferd reagiert. Stülpt man dem Pferd eine Hilfe im falschen Moment über oder hält zu lange die Spannung im Zügel aufrecht, entsteht meist Widerstand bzw. Spannung als erste Reaktion auf die Hilfe. Viele Pferde reagieren auf eine Hilfe für mehr Vorwärts oder auch auf Paraden erst einmal, indem sie gegen die Hand drücken oder sich auf den Zügel legen. Bereitet man Übergänge und Paraden gut vor, ist es möglich, die

Zügelspannung im Übergang ganz wegzunehmen und so dem Pferd den Grund für den Widerstand zu nehmen. Auch wenn es dabei erst einmal die Haltung verliert, ist das nicht schlimm. Haltung muss sowieso immer wieder neu erarbeitet werden und kann nicht festgehalten werden.

Ein sehr kleinschrittiges, einfühlsames Vorgehen – zu Beginn z.B. nur ein promptes Antreten im Schritt und wieder Anhalten – ist notwendig, um sofortige Reaktionen ohne Widerstand zu erhalten. Bei fortgeschrittener Arbeit wird schließlich das »Hilfengespräch« zwischen den Partnern immer subtiler, feiner und leichter.

Konzentrierte Bereitschaft, auf den anderen zu hören, sind dann Kennzeichen einer methodisch auf Dialog ausgerichteten Arbeit. Ein Einspannen zwischen ständig treibenden und verhaltenden Hilfen wird unnötig. Das Pferd wird zur selbstständigen Arbeit erzogen und der Mensch beschränkt sich auf kurze Impulse als Hilfen.

Autorität und Kontrolle durch Kompetenz und Souveränität

Ein Pferd, das selbstständig arbeiten darf, wächst in seiner Persönlichkeit und wird sich vom Menschen nicht mehr ohne Weiteres ungerecht behandeln lassen.

Der Begriff Autorität soll in diesem Zusammenhang noch einmal aufgegriffen werden: Autoritäres Verhalten des Menschen bei der Ausbildung des Pferdes ist durchaus erwünscht. Echte Autorität ist etwas Positives und gibt dem Pferd Sicherheit. Und echte Autorität kommt ohne Gewalt aus! Sie entsteht aus Kompetenz und Souveränität und ermöglicht die »präzise Steuerung« des Pferdes.

Nur, wenn man gezielt Einfluss auf die Bewegungen des Pferdes nehmen kann und die Hilfen vom Pferd exakt (weil ohne Widerstand) befolgt werden, ist ein Verlassen der Komfortzone – und damit ein Ausbildungsfortschritt – wirklich möglich. Nur ein losgelassenes, an den Hilfen stehendes und somit aufmerksames Pferd ist in der Lage, zu lernen.

Spielerische, freie Arbeit ohne Zaum und ohne die Möglichkeit, die Haltung des Pferdes zu beeinflussen, kann Abwechslung in den Ausbildungs-Alltag bringen und ist für die Beziehungspflege zwischen Mensch und Pferd durchaus geeignet. Sie nützt dem Pferd jedoch recht wenig, wenn es darum geht, ohne Schaden für Gelenke und Rücken einen Reiter zu tragen. Die meisten Pferde werden nicht aus freien Stücken in eine für das Reiten geeignete Arbeitsweise und Haltung kommen, denn sie werden immer versuchen, den einfachsten, energiesparendsten Weg zu gehen. Und dieser ist in den seltensten Fällen geeignet, seinen Rücken und seine Gelenke vor Überlastungsschäden durch das Reitergewicht zu schützen. Wir müssen auf einen bestimmten Grad der Freiheit verzichten und das Pferd vernünftig anleiten, damit es keinen Schaden davonträgt. Denn wir sind verantwortlich für sein Wohlergehen.

Zwei unterschiedliche Zügel, die in ihrer Funktion als innerer und äußerer Zügel getrennt gehandhabt werden können, sind nötig, um Biegung und Schulterkontrolle präzise zu steuern. Ein Trensengebiss im Maul erleichtert die präzise Arbeit, insbesondere bei den Flexionen. Pferde, die im Maul verdorben sind und deswegen das Gebiss schlecht annehmen, können jedoch auch mit Kappzaum oder Sidepull an der Hand gearbeitet werden. Wichtig ist nur, inneren und äußeren Zügel gezielt einzusetzen.

Den Freiheitsbegriff braucht man jedoch nicht völlig aus der Arbeit mit dem Pferd zu verbannen: Man gewährt dem Pferd Handlungs- und Bewegungsfreiheit (und einen losen Zügel) ohne störende Einwirkung des Menschen, solange es in einem vorgegebenen Rahmen arbeitet. (Das setzt bei der Arbeit im Sattel jedoch einen gut im Gleichgewicht sitzenden Reiter mit gutem Körpergefühl voraus, der nicht unabsichtlich stört.)

Komfortzone verlassen

Wie schon mehrfach erwähnt, verlassen Pferde von sich aus nicht gerne ihre Komfortzone. Darin unterscheiden sie sich nicht von Menschen. Das Verlassen der Komfortzone ist unbequem und anstrengend. Warum also sollte man es tun?

»Energiesparen« liegt in der Natur von Mensch und Pferd. Neugier und das Streben nach Belohnung allerdings auch. Und diese beiden Eigenschaften machen die Ausbildung und den Fortschritt möglich. Jedes Pferd wird freiwillig mitarbeiten, wenn es sich eine Belohnung erhofft. Belohnung kann Entspannung in einer Pause sein, ein lobendes Wort oder eine mental positive Einstellung des Menschen – oder auch mal ein Leckerli. Es ist erstaunlich, wie motiviert die Pferde mitarbeiten, wenn sich die Arbeit positiv auf ihr Befinden auswirkt. Es hat den Anschein, als würden sie merken, wie gut ihnen die Arbeit tut.

Natürlich wird ein Pferd erst einmal versuchen, anstrengende Arbeit zu vermeiden: Es wird Ausweichhaltungen einnehmen, langsamer werden, keine Energie liefern usw. Das ist normal, und wir müssen immer wieder versuchen, dem Pferd die Arbeit schmackhaft zu machen und es in die Haltungen hinein zu locken, die wir haben wollen. Dauerhaft starke Widerstände deuten jedoch darauf hin, dass etwas nicht stimmt.

Deswegen ist es immer wieder notwendig, den Ausbildungserfolg an vermehrter Leichtigkeit zu messen. Egal, was man tut – es muss mit der Zeit müheloser werden, dann stimmt es. Braucht man immer mehr Kraft, ist man auf dem falschen Weg.

Eine Traversvolte mit Stellung und Biegung in Bewegungsrichtung als Vorbereitung für eine Hinterhandwendung.

Kontrolle ohne Zwangsmittel – und die zweckmäßige Haltung stellt sich mit der Zeit von allein ein.

KAPITEL 12 Stangenarbeit & Führen von hinten

Stangenarbeit

Die Arbeit an Cavaletti ist gut dazu geeignet Pferde, die gerne mal die Füße hängen lassen, zu aktivieren. Faule Pferde werden fleißiger, unaufmerksame lernen, besser hinzuschauen. Den meisten Pferden macht die Stangenarbeit Spaß.

Das Führen oder Longieren im Schritt über 3–4 Stangen sollte den Übungen im Trab und Galopp vorausgehen. Durch Verändern des Abstandes der Stangen zueinander können Sie die Schrittlänge korrigieren. Ein eiliges Pferd wird mit kürzeren Abständen verlangsamt, ein faules mit längeren etwas flotter gemacht. Bei Pferden, die überhaupt nicht aufpassen wollen, legen Sie (nur im Schritt) die Abstände ungleich. Im Schritt und im Trab können Sie – bei passenden Abständen – die Stangen unterschiedlich hoch legen, um mehr Aufmerksamkeit vom Pferd zu bekommen. Auch die Schaumstoff-Nudeln kann man für die Stangenarbeit benutzen und z.B. mit den Verbindungsstücken so ein Gitter legen, wie links zu sehen. Die Abstände passen gut für einen mittleren Trabtritt eines Großpferdes.

Ist das Pferd in Schritt und Trab hinsichtlich Tempo und Takt gut kontrollierbar, beginnen Sie mit der Galopparbeit. Die Abstände zwischen den Cavaletti sollen dem mittleren Galoppsprung des betreffenden Pferdes entsprechen.

Beginnen Sie mit einer flachliegenden Stange, über die das Pferd ruhig und ohne den Takt zu verändern galoppieren sollte. Erhöhen Sie langsam die Stangenzahl bis auf vier. Das Pferd muss dabei immer ruhig und im Takt bleiben. Schließlich können Sie z.B. zum Schluss einen Mini-Sprung einbauen, sodass es kraftvoller abspringen muss.

Um die Aufmerksamkeit zu erhöhen, kann auch einmal die zweite oder die erste Stange höher als die anderen sein – aber erst, wenn das Pferd genug ausbalanciert ist, um solche »Unebenheiten« auszugleichen.

Wenn Sie Lust haben, stellen Sie sich verschiedene Parcours zusammen, die Trailhindernisse, klei-

ne Sprünge und Gehorsamsübungen enthalten, und absolvieren diese an der Hand. Einige Vorschläge finden Sie auf den letzten Seiten.

Führen von hinten

Doppellonge und langer Zügel

Arbeit an der Doppellonge, Arbeit am langen Zügel, Handarbeit und das Fahren vom Boden unterscheiden sich nur durch die Position des Menschen in Beziehung zum Pferd. Bei der Doppellongenarbeit bleiben Sie in der Mitte des Zirkels stehen, beim Fahren vom Boden und bei der Arbeit am langen Zügel laufen Sie hinter oder neben dem Pferd mit. Vorbereiten kann man beides ideal durch die Arbeit an der Hand.

Bei der Arbeit an der Hand und am langen Zügel simulieren Sie im Prinzip die Arbeit des Reiters. Sie wirken ohne Gewicht ein, geben jedoch die Zügelhilfen als wenn Sie im Sattel säßen. Doppellonge und langer Zügel werden deswegen nach den klassischen Richtlinien oft in die Trense eingeschnallt. Hier könnten wir das Trensengebiss in unseren Multifunktions-Kappzaum einschnallen. Wenn man sich seiner ruhigen, kontrollierten Hand nicht völlig sicher ist, sollte man allerdings ruhig weiter mit dem Kappzaum arbeiten, denn so schont man das Maul des Pferdes.

Arbeit am langen Zügel ist die klassische Version des »Führens von hinten« (wie in Kapitel Herdenverhalten ausgeführt) mit dem zusätzlichen Nutzen der feinen Dosierbarkeit der Zügelhilfen. Durch die langen Wege zwischen der Hand des Ausbilders und dem Kopf bzw. Maul des Pferdes ist jedoch die Arbeit nicht unproblematisch und erfordert viel Gespür für die Intensität eines

Doppellongenarbeit: Die äußere Longe läuft durch den Bügelriemen (bzw. durch den Ring am Longiergurt, damit sie in der Höhe fixiert ist. Die innere läuft direkt zur Hand des Menschen, damit keine Rückwärtswirkung entsteht.

Zügel-Signals. Die Handhabung des Sticks bzw. der Gerte ist schwierig und erfordert Übung. Ihr Einsatz muss aus dem Handgelenk erfolgen und darf keine Auswirkungen auf das Maul des Pferdes haben. Hin und wieder wird es auch nötig sein, beide Zügel in eine Hand zu nehmen, um eine ausgreifendere Peitschenhilfe geben zu können. Eine einhändige Zügelführung kann hilfreich sein, wenn viel mit Gertenhilfen gearbeitet wird. Der Stick oder die kurze Fahrpeitsche zeigt dabei unbenutzt jeweils schräg nach vorne-oben.

Longe oder langer Zügel laufen durch die Ringe eines Longiergurtes. Man braucht zwar nicht unbedingt einen Longiergurt, aber für den durchschnittlichen Horse Walker ist es einfacher, wenn die Ringe Longe bzw. Zügel »in Position« halten.

Es ist oft sinnvoll, bei der Doppellongenarbeit den inneren Zügel nicht durch den Ring laufen zu lassen, damit der Zug nicht innen nach hinten geht. Es gibt Pferde, die sich dann sofort hinter der Senkrechten verkriechen und in der Schulter klemmen.

Die Berührung der Longe an den Hinterbeinen wird man manchem Pferd erst schonend beibringen müssen. Ein Helfer kann es dafür bei den ersten Versuchen festhalten. Ein Pferd, welches sich mit der Gerte am ganzen Körper berühren lässt und das Aussacken hinter sich hat, sollte jedoch auch bei der Longe keine Schwierigkeiten machen.

Die Arbeit mit der Doppellonge kann bei bestimmten Problemen helfen. Neigt ein Pferd z.B. zum Ausfallen mit der Hinterhand, biegt sich also – besonders in engeren Wendungen – schlecht, so kann die zweite Longe die äußere Schulter des Pferdes kontrollieren und zudem die

Pferde, die in der klassischen Handarbeit ausgebildet sind, können auch am Zügel longiert werden. Wie bei der Doppellonge kann dabei mit dem äußeren Zügel die Schulter kontrolliert werden, so dass das Pferd nicht über die äußere Schulter weglaufen kann.

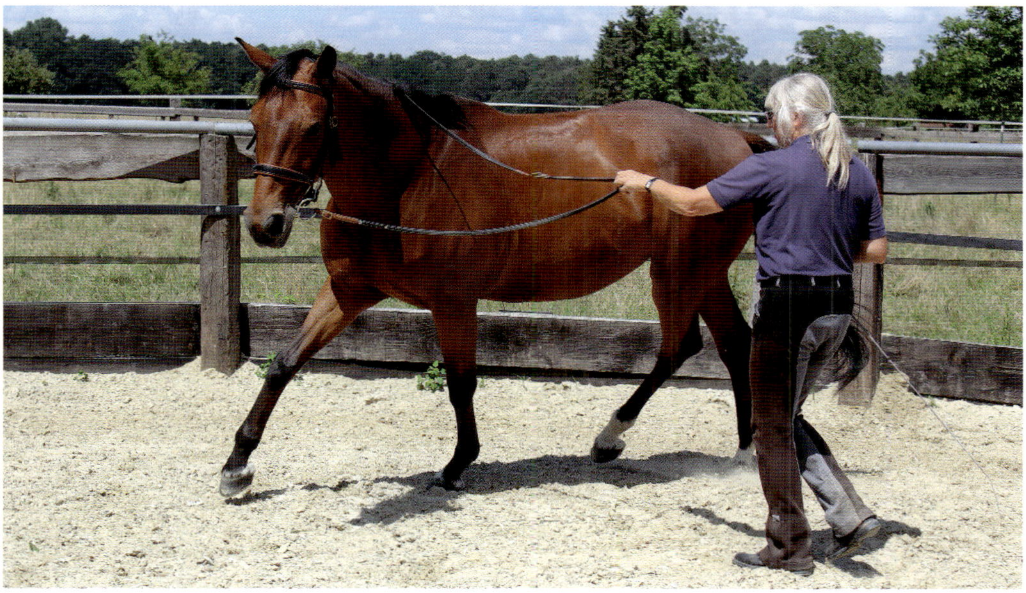

Arbeit am langen Zügel, Handarbeit und Fahren vom Boden: Die Grenzen sind fließend.

Spanischer Schritt am langen Zügel (Zäumung auf Sidepull).

Wichtig ist, feinen Kontakt zum Pferdemaul zu halten. Das ist umso schwieriger, je weiter man vom Pferd entfernt ist.
Arbeiten Sie mit geschlossenen Händen, jedoch ohne dauerhaften Zug am Zügel.

Der Rückentrainer – eine vereinfachte Form der Doppellonge.

Hinterhand außen begrenzen. Überhaupt können – mit einiger Übung – Wendungen mit dem langen Zügel und der Doppellonge differenziert ausgeführt werden. Auch ein Rückwärtsrichten auf Distanz können Sie mit der Doppellonge einfacher bewerkstelligen, da Sie die Längsachse des Pferdes besser kontrollieren können.

Der Rückentrainer

Eine »Doppellonge light« steht mit dem so genannten Rückentrainer zur Verfügung. Ähnlich einem Fahrgeschirr begrenzt dieser die äußere Seite und der Mensch muss sich nur mit einer Longe befassen. Aber auch dieses recht praktische Hilfsmittel ist nicht dazu gedacht, das Pferd zusammenzuschnüren. Es bietet nur einen »Rahmen« für die Bewegung.

KAPITEL 13

Vorschläge für Übungsparcours

Mit den folgenden Ideen für Übungsparcours und Longieraufgaben können Sie Ihre Zusammenarbeit mit dem Pferd überprüfen. Mit den Schaumstoff-Nudeln und einigen Pylonen sind schnell Orientierungspunkte und Gassen gelegt. Flattertore, Wippen und Brücken brauchen etwas mehr Vorbereitung und einen handwerklich begabten »Baumeister«. Doch auch die einfa-

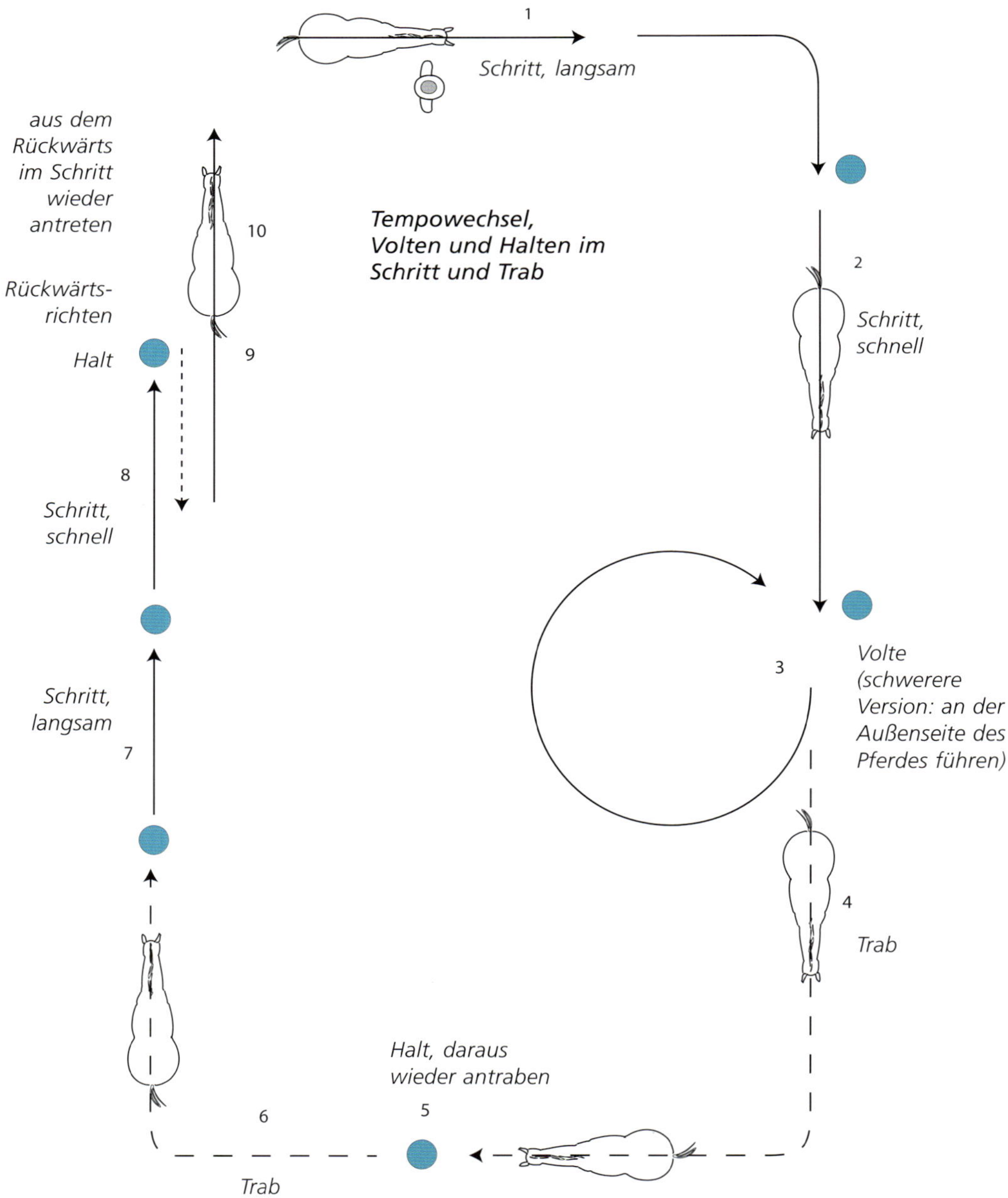

chen Trail-Übungen bedeuten für die meisten schon genug Herausforderung. Versuchen Sie, das Pferd von der rechten und linken Seite zu führen. Sie werden sich wundern, wie viele Pferde (und Menschen) mit der »falschen« (heißt ungewohnten) Führseite Probleme haben. Führen Sie auch Volten an der äußeren Seite des Pferdes. Lassen Sie sich immer neue Kombinatio-

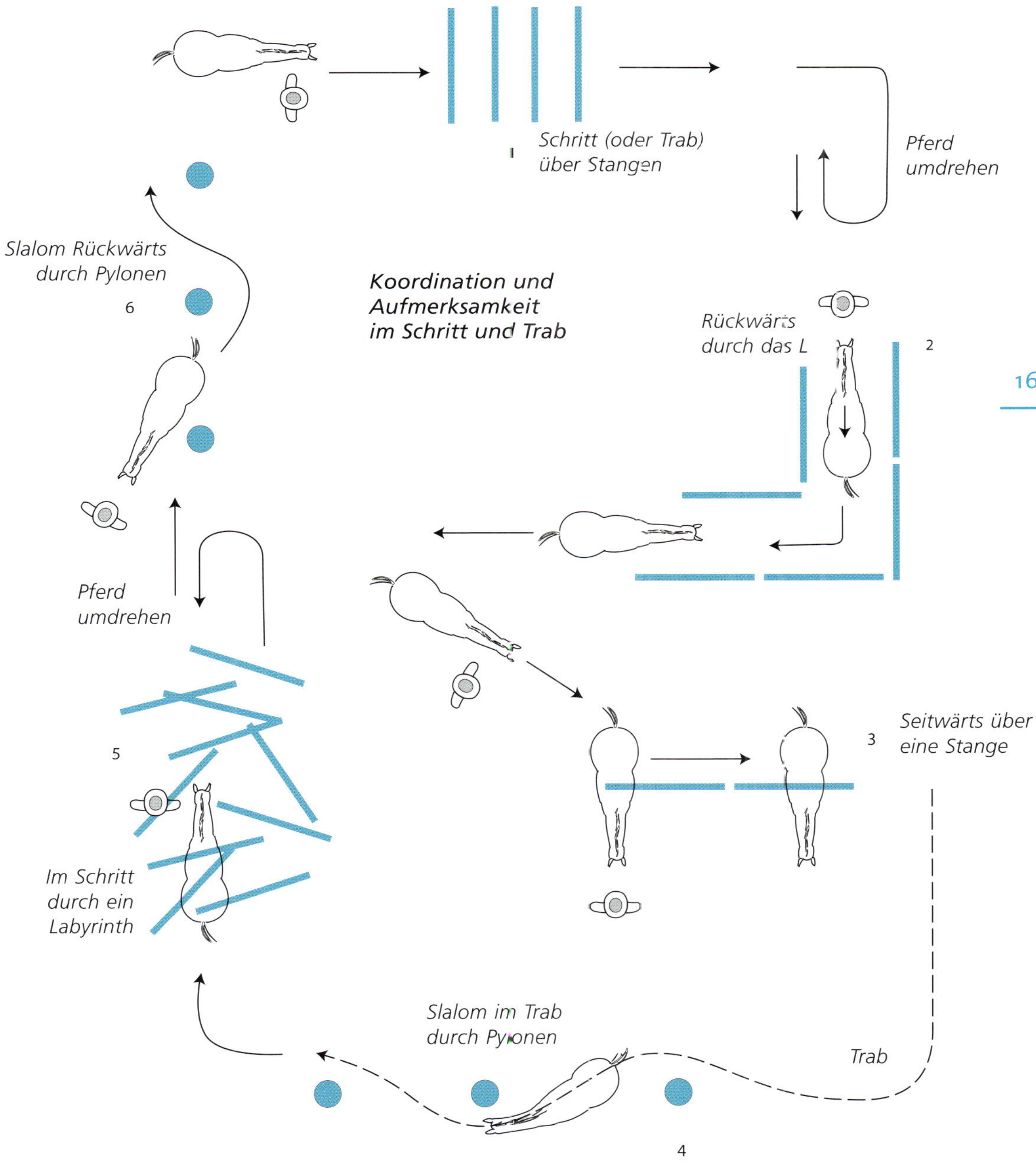

nen einfallen, um die Aufmerksamkeit zu erhalten. Die hier abgebildeten Parcoursskizzen und Abläufe sind nur Vorschläge. Wie schon erwähnt können Sie viele Geländeschwierigkeiten in der »sicheren« Reitbahn simulieren und das Pferd abhärten, bevor Sie draußen auf Tour gehen. Ihrer Kreativität beim Erfinden von neuen Kombinationen sind keine Grenzen gesetzt.

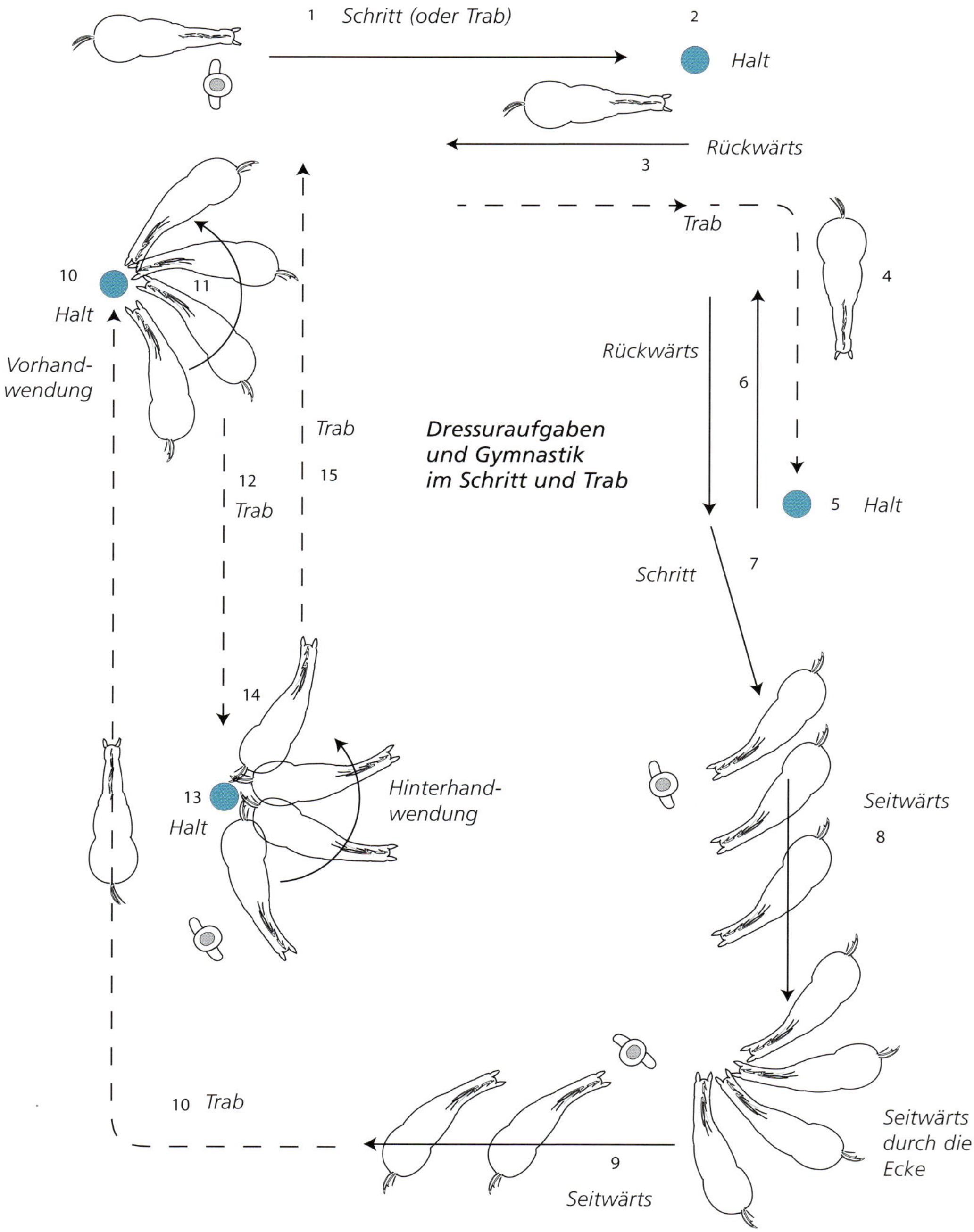

Achten Sie nur immer auf Sicherheitsvorkehrungen, so dass sich weder Mensch noch Pferd in vermeidbare Gefahren begeben (z.B. durch scharfe Kanten an Hindernissen oder zuwenig Platz zum Ausweichen). In den Parcoursskizzen sind manchmal der Deutlichkeit halber Lektionen nebeneinander gezeichnet, die aber durchaus auf einer Linie liegen (z.B. Rückwärts und wieder

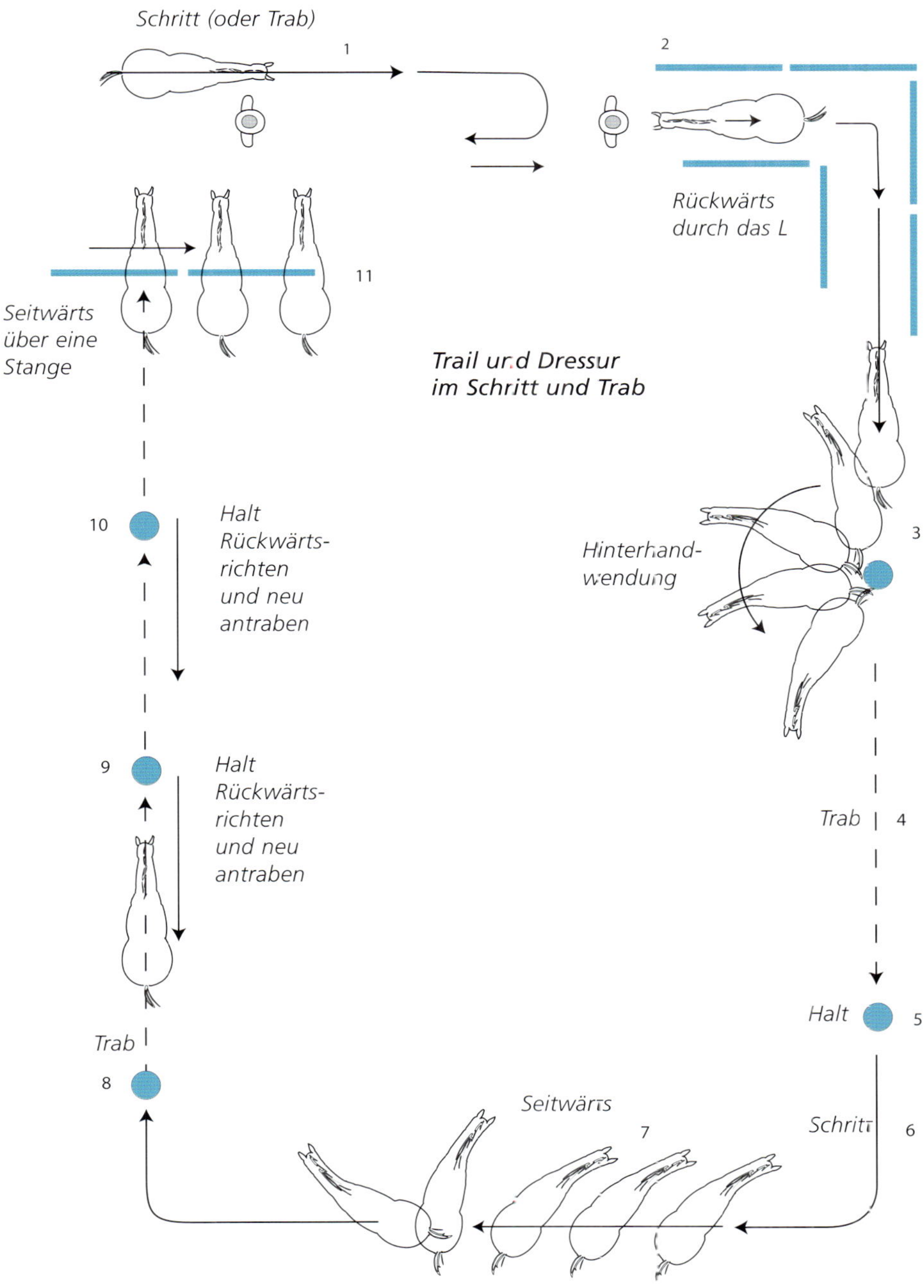

aus dem Rückwärts antreten). Die können Sie natürlich auf einer Linie ausführen. Was mit diesen Übungen sehr gut trainiert werden kann, ist die Orientierung im Raum und die Feinabstimmung. Es sollte klar sein, dass Sie alle Einzellektionen sicher beherrschen müssen, bevor Sie sich an die Parcours wagen.

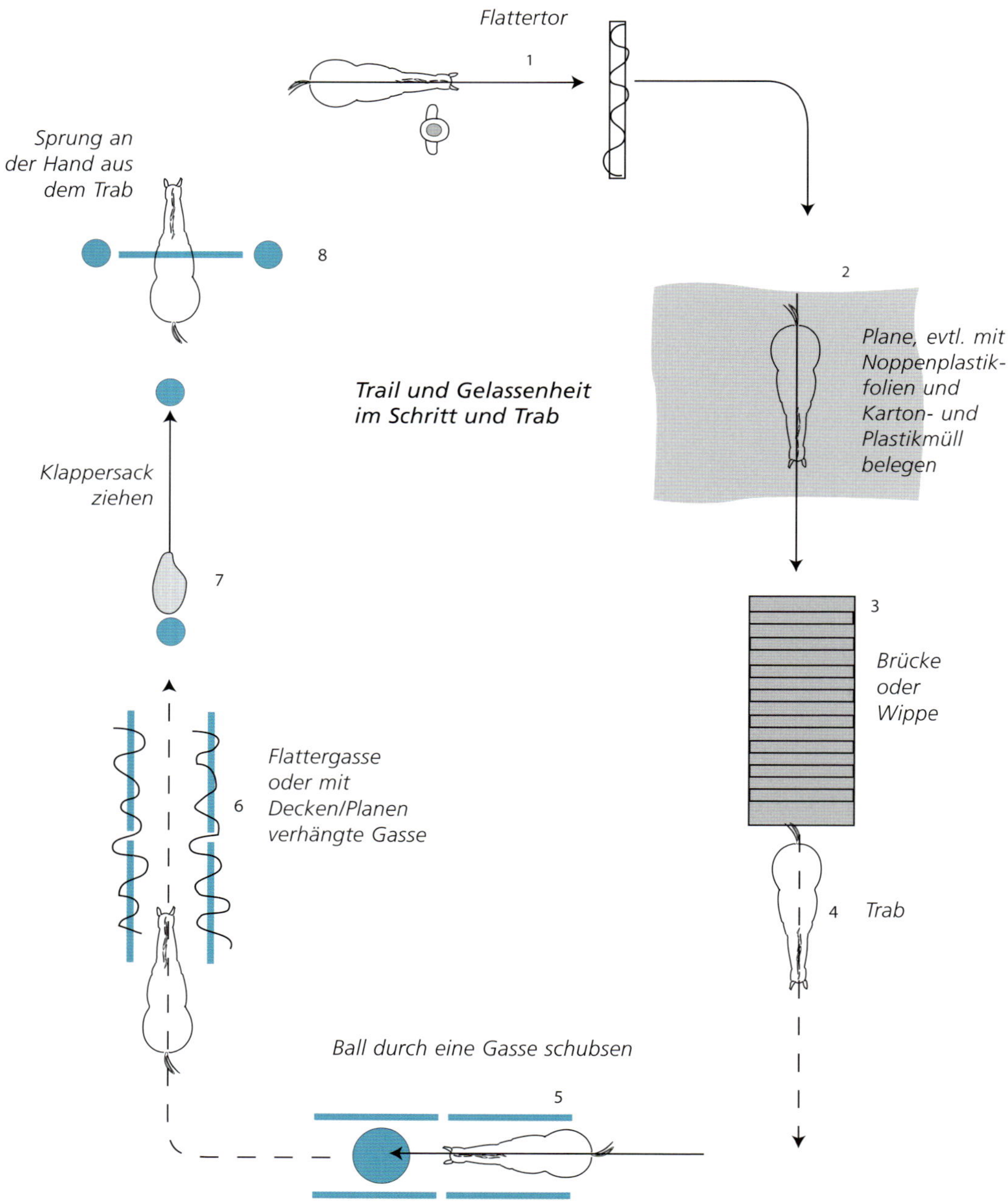

Longenarbeit im Schritt, Trab und Galopp

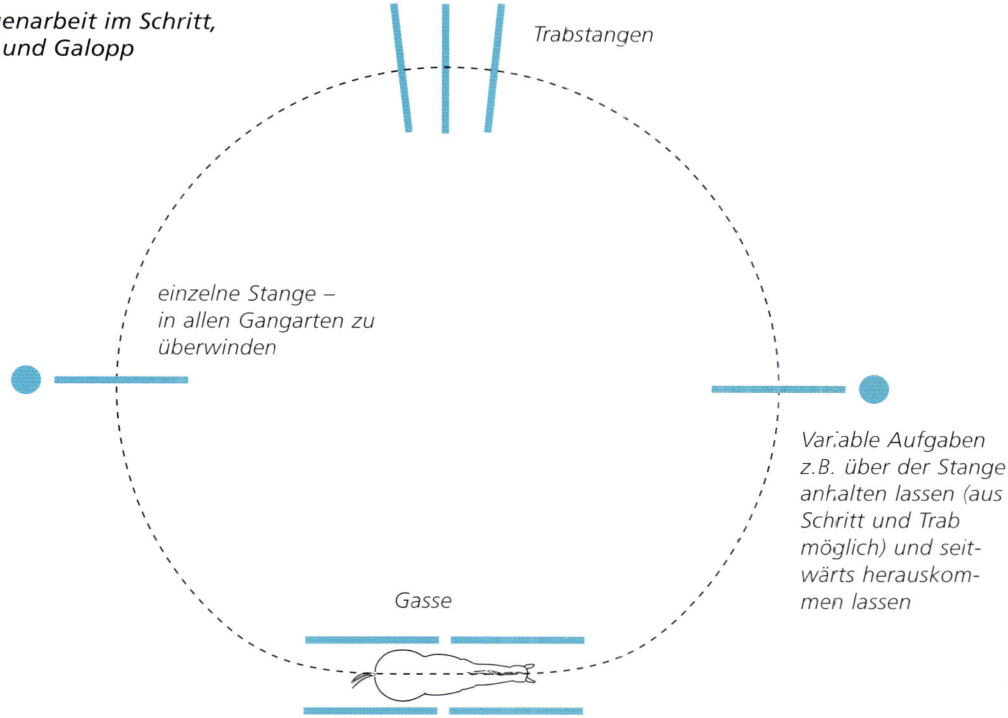

Longenarbeit im Schritt, Trab und Galopp

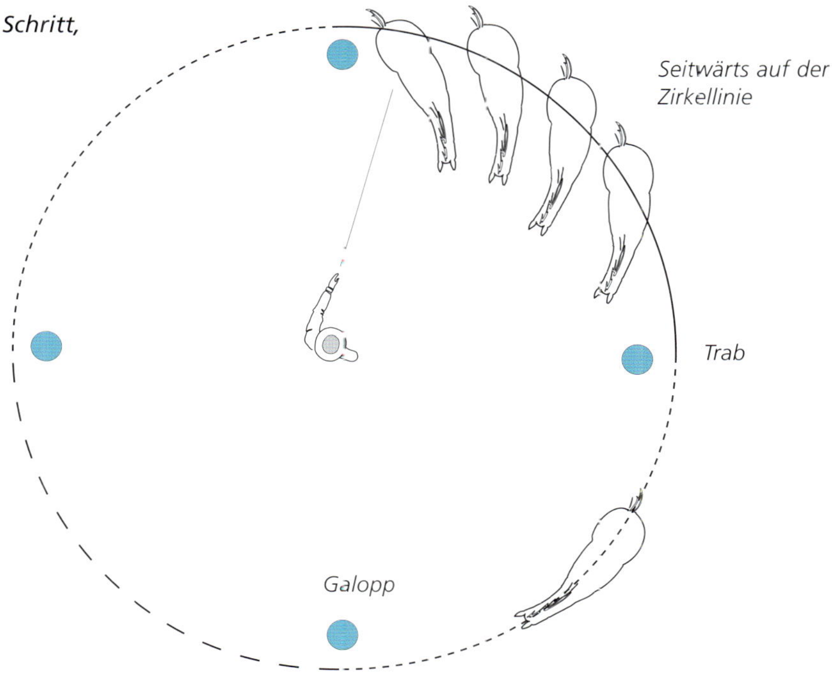

Longenarbeit im Schritt, Trab und Galopp

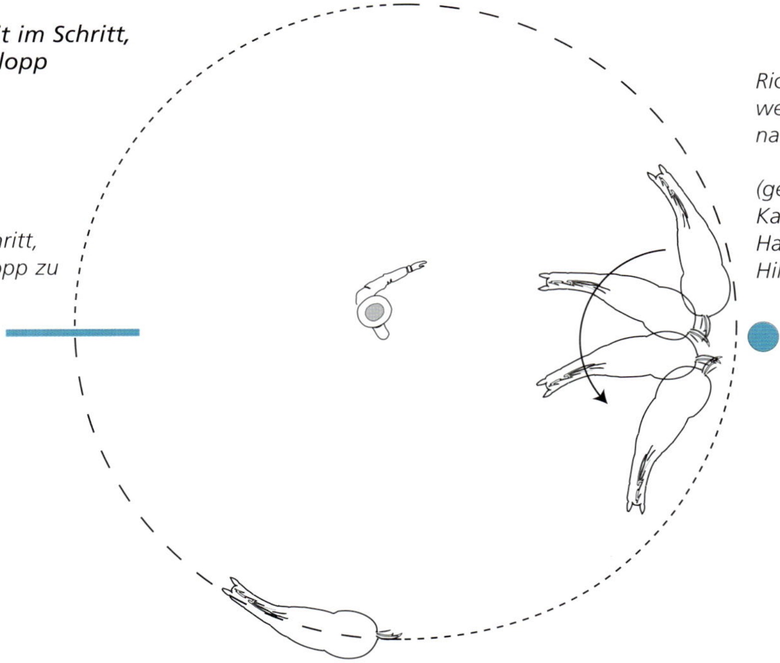

Longenarbeit im Schritt, Trab und Galopp

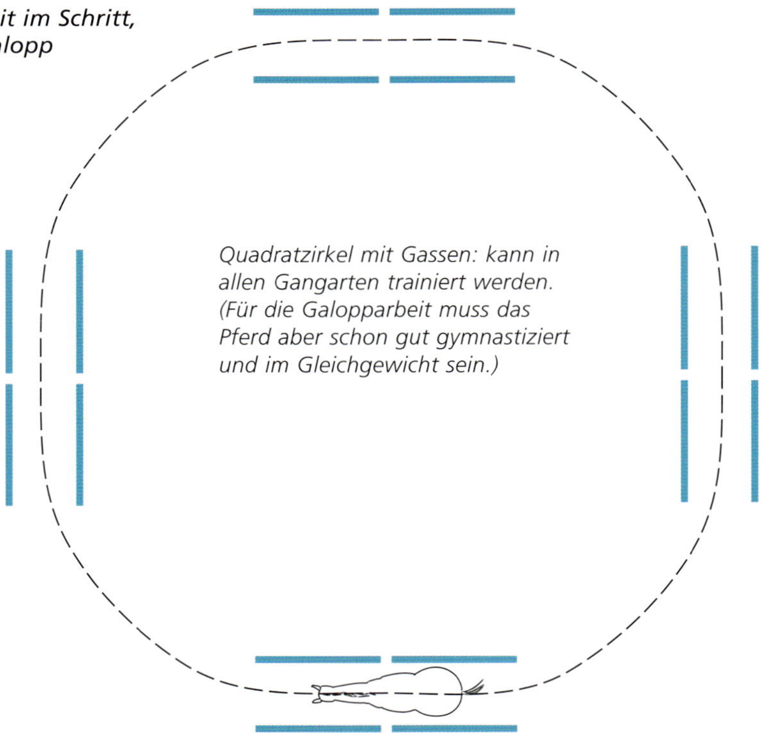

Danke

An dieser Stelle möchte ich mich bei allen bedanken, die mir bei der Erstellung des Buches geholfen haben, die mir für Fotos Modell gestanden haben oder mich fotografiert haben.

Im Einzelnen

Frank Schmeckenbecher, Geschäftsführer von Krämer Pferdesport
Jürgen Kemmler, der die erste Idee zu diesem Buch hatte
Claudia König, die mir die Bearbeitung des Themas angetragen hat
Yvonne Gutsche, Double Divide Ranch, die schnell und unkompliziert als Modell für den Titel eingesprungen ist
Denise Barth, Finca la Maya & Experiment Zentauer
Andrea Löffler, Heilpraktikerin für Menschen und Tiere
Julia Jung, Pferde-Sportmassage
Jeanette Pacher, Tierheilpraktikerin
Effi B. Rolfs, Theater »Die Schmiere«, Frankfurt
Sonja Weber, Reitkunst, durch die ich die klassische Handarbeit kennengelernt habe.

Und natürlich den menschlichen und pferdischen Schülern, mit denen ich in den letzten Jahren arbeiten durfte sowie den Fotografen und Models für die Fotos:
Verena Troschke, Bettina Meints-Korinth, Birgit Luks, Annette Müller, Heidrun Süßmuth, Ina Schubek, Silke Strussione, Ines Fasig, Martina Engelberg, Miriam Gutt, Stephany und Jürgen Wahrhusen, Ulrike Lorkowski, Svenja Hofmann, Ellen Venohr, Daniela Bach, Silke Stenger, Isabelle Deutschbein, Ruth Aschberger

Bücher von Kerstin Diacont

Pferde anreiten: Müller Rüschlikon, Stuttgart, 2. aktualisierte + erweiterte Neuauflage 2019
Grundkurs Sitz und Hilfen: Müller Rüschlikon, Stuttgart, aktualisierte Neuauflage 2018
Horsemanship-Training: Müller-Rüschlikon, Stuttgart, 2016
Seitengänge für feines Reiten: Müller-Rüschlikon, Stuttgart, 2018
Dressur für Fortgeschrittene: Müller Rüschlikon, Stuttgart, 2010
Besser reiten im Wahrnehmungssitz: Müller Rüschlikon, Stuttgart, 2007
Reitstunde: Müller Rüschlikon, CH, 2005
Wie sag ich's meinem Pferd: Müller Rüschlikon, Stuttgart, 2. Auflage 2007
Erfolgreich arbeiten mit Pferden: Müller-Rüschlikon, Stuttgart, 2007

Kerstin Diacont und Andrea Löffler, Richtiges Training – Gesundes Pferd: Müller Rüschlikon, Stuttgart, 2. Auflage 2010

Kerstin Diacont und Sonja Weber, Klassische Arbeit an der Hand: Müller-Rüschlikon, Stuttgart, 2018

Lehr-Videos von Kerstin Diacont

Einfach reiten lernen 1: Bewegungsverständnis und effektive Biomechanik, Lana Film
Einfach reiten lernen 2: Harmonische Hilfengebung und Energiekontrolle, Lana Film
Einfach reiten lernen 3: Das System stabilisieren und Blockaden beheben, Lana Film

Kontakt: info@diacontdesign.de

Weitere interessante Bücher zum Thema

Seitengänge sind nicht nur etwas für Dressur-Profis. Richtig eingesetzt verbessern sie die Koordination und Achtsamkeit bei Pferd und Reiter. Hier werden Hilfenkonzepte und Übungssequenzen für die Arbeit am Boden/an der Hand und unter dem Sattel vorgestellt – immer mit dem Ziel der mühelosen Ausführung. Mögliche Fehler und deren Korrektur bei Pferd und Mensch werden aufgezeigt.
96 Seiten, 83 Bilder, 48 Strichzeichnungen
Format 170 x 210 mm
ISBN 978-3-275-02137-6
€ 11,95 / € (A) 12,40

In diesem Buch erklären die Autorinnen, was Versammlung bedeutet und wie sie an der Hand erreicht wird – von den Basisübungen auf Kappzaum und Trense mit Tempo- und Linienkontrolle über korrekte Seitengänge, Trab und Galopp auf kleinen Volten bis hin zu Piaffe und Spanischem Schritt.
96 Seiten, 140 Bilder, 15 Strichzeichnungen
Format 170 x 210 mm
ISBN 978-3-275-02125-3
€ 11,95 / € (A) 12,40

Ein gelassenes Pferd ist das Ziel jeder Pferdeausbildung und die beste Sturzvorsorge für den Reiter. Yvonne Gutsche zeigt verschiedene Trainingsansätze mit Schirmen, Bällen, Flattertüten & Co.
144 Seiten, 165 Bilder, 6 Strichzeichnungen
Format 170 x 240 mm
ISBN 978-3-275-02067-6
€ 19,95 / € (A) 20,60

Dieser Basiskurs mit dem Schwerpunktthema »Ausreiten« ist reitweisenunabhängig und orientiert sich am Ausbildungsprogramm »Parelli Natural Horsemanship«, das die Freundschaft zwischen Mensch und Pferd an erste Stelle stellt.
176 Seiten, 171 Bilder, 6 Strichzeichnungen
Format 170 x 240 mm
ISBN 978-3-275-02086-7
€ 24,90 / € (A) 25,60

Änderungen in Preis und Lieferfähigkeit vorbehalten

Überall, wo es Bücher gibt, oder unter
WWW.MUELLER-RUESCHLIKON.DE
Service-Hotline: 0711/78 99 21 51